DE PARIS

AU

NOUVEAU-MONDE

ET

DU NOUVEAU-MONDE A PARIS

NARRATION D'UN VOYAGE DE DIX ANS

PAR

M. ÉTOURNEAU

TOME PREMIER

PARIS

BESTEL ET Cie
Rue de la Bourse, 7

A. PETIT-PIERRE
Rue de la Ferme-des-Mathurins, 20

1855

DE PARIS

AU

NOUVEAU-MONDE

ET

DU NOUVEAU-MONDE A PARIS

Lagny. — Typographie de VIALAT.

DE PARIS

AU

NOUVEAU-MONDE

ET

DU NOUVEAU-MONDE A PARIS

NARRATION D'UN VOYAGE DE DIX ANS

PAR

M. ÉTOURNEAU

TOME PREMIER

PARIS

BESTEL ET Cie
Rue de la Bourse, 7

A. PETIT-PIERRE
Rue de la Ferme-des-Mathurins, 20

1857

Aux personnes de toutes les professions qui veulent émigrer aux États-Unis d'Amérique.

Pendant le long séjour que j'ai fait aux États-Unis, j'ai été à même de voir combien de mes compatriotes avaient trouvé, dans ce vaste et riche pays, l'adversité, faute d'en connaître les ressources industrielles, commerciales et agricoles, ainsi que les effets climatériques agissant d'une manière plus ou moins funeste sur les Européens dans certaines contrées de cette immense confédération. Pour remédier à ces graves inconvénients autant que possible, je me suis déterminé à publier un livre contenant tous les renseignements que peuvent désirer les Français appartenant à toutes les classes de la société, et voulant aller chercher le chemin de la fortune ou seulement celui du bien-être dans cette lointaine et florissante région du Nouveau-Monde.

Comme il n'entre pas dans le plan de cet ouvrage de donner tous les détails nécessaires pour éclairer les émigrants comme ils doivent l'être pour quitter leur pays avec connaissance de cause, je viens donc mentionner ici, plus dans leurs intérêts que dans le mien, l'ouvrage que j'ai publié, en leur faveur, sous le titre de : LIVRET-GUIDE DE L'ÉMIGRANT, DU NÉGOCIANT ET DU TOURISTE, DANS LES ÉTATS-UNIS D'AMÉRIQUE ET AU CANADA.

N'ayant reçu que des éloges de ce travail, pour l'importance des services qu'il a déjà rendus à bon nombre de mes compatriotes, je puis donc espérer d'être utile à beaucoup d'autres encore, en leur recommandant de ne pas omettre de consulter mon GUIDE avant de se diriger de l'autre côté de l'Atlantique, pour y chercher la prospérité dans une nouvelle patrie.

La couverture du présent ouvrage donne le nom et l'adresse de l'éditeur chez qui se trouve le GUIDE qui fait l'objet de ces remarques que je destine particulièrement aux lecteurs du VOYAGE DE PARIS AU NOUVEAU-MONDE ET DU NOUVEAU-MONDE A PARIS.

DE PARIS AU NOUVEAU-MONDE

ET

DU NOUVEAU-MONDE A PARIS

CHAPITRE I

Pourquoi voyage-t-on?

Les uns voyagent pour tuer le temps et changer d'air; les autres, pour pouvoir dire qu'ils ont voyagé et se donner une importance de bon ton; et d'autres, enfin, mais c'est le petit nombre, voyagent pour observer et s'instruire.

Les voyageurs des deux premières catégories rapportent généralement de leurs excursions plus de préjugés qu'ils n'en avaient avant de quitter leurs demeures. Voyant tout avec les yeux de la plus sotte partialité, ils condamnent aveuglément tout ce qui blesse leurs habitudes, même les plus ridicules. Aussi, c'est à l'aide des récits mal fondés de ces voyageurs que les peuples ont souvent trouvé le prétexte de se détester, au lieu de se traiter fraternellement comme le veulent les grands principes de la civilisation et de l'état social.

Il est entendu que le titre de voyageur ne peut s'appliquer, dans le sens que je lui donne ici, à ceux qui circulent pour accomplir une mission mercantile; car ceux-là, au lieu d'étudier le pays et les mœurs, s'occupent seulement à grossir leur clientèle et à récapituler les bénéfices qu'ils font; le pays qu'ils vantent le plus est généralement celui qui leur offre le plus gros chiffre d'affaires.

Le récit d'un voyageur impartial et observateur sagace produit un livre qui, selon moi, est digne de prendre rang parmi les œuvres d'une utilité réelle. L'impartialité est plus que du mérite chez l'écrivain touriste, c'est une vertu. Mais il est bien difficile, en pareil cas, de rester toujours dans les limites de la plus stricte impartialité; car, pour cela faire, il faudrait être un vrai cosmopolite, et il n'en existe pas. En effet, pour être cosmopolite dans toute l'acception du mot, il faudrait naître sur un nuage et ne jamais séjourner vingt-quatre heures sur un coin quelconque du globe; autrement, on se créerait une patrie et des préférences nationales.

D'après ce que je viens de dire, je ne puis donc affirmer que, pendant mon long voyage, j'ai toujours vu les choses telles qu'elles étaient. Mais j'ai toujours, du moins, fait les plus grands efforts pour chasser l'erreur de mes regards, afin de pouvoir contempler la vérité dans son plus vif éclat. Je me suis surtout attaché à reproduire avec la plus scrupuleuse fidélité tout ce qui peut instruire mes compatriotes et servir les intérêts de la France dans ses rapports internationaux avec les États-Unis. Si j'ai atteint ce double but, j'aurai recueilli la récompense que j'ambitionnais en donnant de la publicité à mes observations.

CHAPITRE II

Le passe-port apprécié à sa juste valeur.

Le passe-port est-il un document utile à la sécurité publique ou seulement un impôt vexatoire pour ceux qui sont contraints de le payer? Je me prononce en faveur de cette dernière question avec d'autant plus de certitude de bien apprécier l'utilité du passe-port, que les œuvres remarquables de L.-N. Bonaparte contiennent le passage suivant :

« Mais ce ne sont pas seulement les lois qui protégent les citoyens, c'est aussi la manière dont elles sont exécutées, c'est la manière dont le gouvernement exerce le pouvoir. En Angleterre, l'autorité n'est jamais passionnée : ses allures sont modérées et toujours légales; aussi n'y connaît-on pas les violations du domicile d'un citoyen, auxquelles on est si sujet, en France, sous le nom de visites domiciliaires; on respecte le secret des familles en laissant intactes les correspondances; on ne gène en rien la première de toutes les libertés, celle d'aller où bon vous semble; car on n'exige de personne ces passe-ports, invention oppressive du comité de salut public, et qui sont un embarras et un obstacle pour les citoyens paisibles, sans arrêter en aucune façon ceux qui veulent tromper la vigilance de l'autorité. »

Ce jugement sur la liberté des citoyens d'un pays sagement gouverné est d'une logique irréfutable. Le passe-port n'est donc qu'un instrument d'oppression, non pas gratuit, mais inutile du moins. En effet, combien de criminels n'ont-ils pas échappé au châtiment de la justice en se plaçant sous cette égide gouvernementale! Combien d'honnêtes gens n'ont-ils par été arrêtés, jetés en prison pour avoir seulement oublié de se munir de ce document officiel! Il n'est pas rare, pour un Français qui veut franchir la frontière de sa patrie, de passer deux à trois jours à remplir les formalités qu'exige la remise d'un passe-port pour les pays étrangers. Par exemple, si vous partez pour l'Angleterre ou l'Amérique, cette feuille de papier de dix francs, n'ayant plus sa raison d'être, n'a plus pour vous que la valeur intrinsèque du papier qu'on vend aux épiciers pour faire des cornets.

Pour obtenir un passe-port, il faut remplir des formalités qui ne sont pas seulement vexatoires, mais encore très-difficiles à accomplir, surtout dans les grandes villes. On est tenu, d'après la loi, de prouver son identité par deux témoins patentés chez le commissaire de police de son quartier, afin que ce magistrat vous délivre un certificat contre lequel on vous donnera un passe-port à la préfecture de police, si c'est à Paris que le passe-port est sollicité. Fussiez-vous le plus honorable des citoyens, on vous refusera cette feuille de route, si vous ne pouvez appuyer votre demande par ce double témoignage. Tout le monde n'a pas l'honneur, à Paris surtout, de compter deux hommes patentés parmi ses connaissances. Puis, d'ailleurs, il ne suffit pas de trouver deux témoins patentés pour prouver son identité, il faut encore qu'ils soient domiciliés dans le même quartier que le demandeur de qui ils répondent devant le commissaire de police. Il était difficile d'accumuler plus d'obstacles dans l'accomplissement de cette formalité préalable. Aussi, pour satisfaire à cet excès de précautions administratives, arrive-t-il journellement, à des gens patentés de la capitale, d'aller répondre de l'identité d'individus qu'ils connaissent à peine de nom.

Que de marchands de vin, pour débiter une bouteille de leurs liquides frelatés, vont chez le commissaire se porter caution de gens qu'ils n'ont jamais vus avant cette démarche !

En Europe, la formalité du passe-port est une corvée incessante pour le touriste, et détruit son plaisir par la servile sujétion qu'elle lui impose à chaque pas. Ceux qui voyagent dans l'intérêt des affaires commerciales n'ont pas moins à se plaindre du préjudice que leur porte cette mesure de police continentale par les délais qu'elle impose.

Je connais des hommes, en Amérique, dont l'indépendance n'a jamais pu se plier à la formalité d'une feuille de route, et, pour se soustraire à cette tâche, ils n'ont jamais voulu visiter que les pays où ils pouvaient circuler sans la protection d'un document administratif.

Si le passe-port est un impôt nécessaire pour compléter le budget, il n'est guère de Français, je pense, qui ne consentissent de grand cœur à l'acquitter par la voie de la perception ordinaire, pour s'affranchir de l'importune protection de la feuille de route officielle. Quant à moi, je féliciterais sincèrement l'autorité qui adopterait cette réforme libérale. Si l'on croit compromettre la sûreté publique en supprimant le passe-port, qu'on simplifie du moins les formalités pour l'obtenir. Quand on pense que M. de Lamartine, et même les plus hautes célébrités gouvernementales, ne pourraient pas servir de témoins pour faire obtenir un passe-port, parce que ces sommités ne sont pas patentées! Après cette remarque, il faudrait être bien idolâtre du passe-port pour ne le pas trouver trop exigeant en matière de formalités administratives. Espérons que cet abus sera un jour emporté comme tant d'autres par le souffle régénérateur du progrès.

CHAPITRE III

De Paris au Havre.

C'est au mois de novembre 1837 que je quittai Paris pour accomplir ma longue excursion. A cette époque, les vigilants gardiens des maisons de la capitale ne s'exaspéraient encore pas trop quand un locataire s'oubliait jusqu'à les appeler *portiers*, bien que le titre de *concierge* fût déjà généralement inscrit en gros caractères au-dessus de la porte de la loge. Pendant mon absence, le portier a franchi plus d'un échelon de l'échelle sociale, et je l'en féliciterais sincèrement, si cette légitime élévation ne cherchait sa gloire et sa puissance dans le despotisme et la tyrannie envers les locataires. D'après la nouvelle position que les concierges parisiens sont parvenus à se créer dans les maisons qui sont confiées à leur garde, il est probable qu'avant peu on lira au-dessus de la porte de la loge : « ADRESSEZ-VOUS A MONSIEUR L'INTENDANT DU PROPRIÉTAIRE DE CETTE MAISON. »

Mais quoi qu'il arrive à cet égard, je ne saurais trop

recommander aux Parisiens qui veulent se soustraire à des vicissitudes incessantes, et dont les conséquences peuvent avoir une sérieuse gravité, je ne saurais trop leur recommander, dis-je, de se faire un devoir impérieux de vivre en bonne harmonie avec le concierge de leur maison. C'est ce que j'ai toujours fait et tâcherai de toujours faire, dans l'intérêt de mon propre bonheur, aussi longtemps que j'habiterai la cité des merveilles; et je n'ai qu'à me louer de cette conduite, puisque mon concierge m'a honoré d'une larme affectueuse en me voyant partir pour ce long voyage.

Ce témoignage de regret, je le déclare ici avec sincérité, ne fut pas le moins doux des nombreux souvenirs que j'emportais de ma belle et chère patrie. Du reste, je crois pouvoir affirmer aussi que le concierge cède plutôt à son amour-propre blessé par la nature de ses fonctions qu'à de mauvais sentiments, en se faisant le tyran domestique de ses locataires.

Le soleil commençait à peine à caresser la toiture des plus hautes maisons de la capitale quand je me mis en marche pour me rendre au bureau du chemin de fer de Saint-Germain. Les voies ferrées étaient déjà nombreuses alors en Angleterre et aux États-Unis; mais la France n'en comptait encore que quelques kilomètres, qu'on avait eu grand'peine à ériger pour convaincre les capitalistes que ce genre de locomotion serait des plus productifs pour les personnes qui s'en feraient actionnaires. L'esprit routinier a de profondes racines en France, surtout lorsqu'il s'agit de vastes entreprises dont l'utilité publique est aussi importante qu'incontestable.

La massive diligence semblait avoir atteint la perfection du locomoteur pour le peuple français, et les chemins de fer ne furent d'abord pour lui qu'une utopie enfantée pour bouleverser les lignes de communications établies sans les pouvoir remplacer d'une manière pratique. Puis on ajoutait : En admettant que les chemins de fer soient praticables, que deviendront alors les maîtres de postes aux chevaux, les milliers d'employés que font vivre les diligences, et même les rouliers? N'ayant plus besoin de chevaux pour le transport des voyageurs et des marchandises, ces quadrupèdes seront à vil prix, et l'avoine qu'ils consommaient ne pourra plus se vendre.

L'honnête Auvergnat qui transportait mes bagages au chemin de fer de Saint-Germain, pensait également que la misère serait à son apogée sur la terre, du jour où la locomotive y remplacerait le cheval de diligence et celui du roulage plus ou moins accéléré. Cette transformation est presque accomplie maintenant chez tous les peuples civilisés, et les résultats parlent trop haut en faveur du chemin de fer pour que j'aie besoin de les mettre en relief ici.

Rien n'est plus humiliant pour l'humanité que de s'obstiner ainsi à barrer le chemin au progrès qui peut seul lui donner le bonheur auquel elle aspire et que l'avenir tient toujours à sa disposition.

Je reviens à mon départ. Le signal est donné et la locomotive dégorge sa vapeur avec assez de rapidité pour nous transporter à Saint-Germain en une petite heure. Arrivé au pied de la terrasse, je me transbordai sur un petit bateau à vapeur qui correspondait avec le train qui m'avait amené; ce bateau faisait le service jusqu'à Rouen, en touchant à toutes les localités situées sur les deux bords de la Seine. Les eaux de cette rivière étant basses en ce moment, notre coursier, en dépit de sa petite taille et de son agilité, labourait la vase à chaque instant, et était forcé de rétrograder souvent pour retrouver une issue qui lui permît de continuer sa route. Ce fut après seize ou dix-huit heures d'une telle navigation que les voyageurs purent débarquer sur les quais de la vieille métropole normande. Cette arrivée, au milieu d'une nuit brumeuse, ne fut pas moins désagréable que les nombreux incidents qui nous étaient survenus pendant le trajet.

Voulant continuer mon voyage par eau jusqu'au Havre, j'ai été obligé de séjourner à Rouen environ vingt-quatre heures, pour attendre le départ du nouveau bateau à vapeur sur lequel je devais prendre passage.

Je connaissais déjà cette ancienne capitale de Guillaume le Conquérant; mais j'étais bien aise de profiter de cette occasion néanmoins pour revoir ce qu'elle offre de curieux.

Avant de parler des monuments et des environs pittoresques de cette ville, je crois devoir dire un mot de sa haute position commerciale et industrielle. L'étranger qui visite Rouen pour y voir les choses extérieures qui sont susceptibles de rester dans ses souvenirs, trouverait à peine les traces d'un grand centre manufacturier dans cette excursion. Pour avoir un aperçu de l'importance commerciale de cette ville, il faut visiter le quartier Cauchois, où se tiennent ses plus riches et ses plus habiles fabricants ; il faut ensuite assister au marché aux tissus qui a lieu, le vendredi de chaque semaine, dans un immense local situé dans le voisinage de la cathédrale.

Ce marché hebdomadaire n'offre que des étoffes qui sont destinées à l'usage des classes laborieuses ; ces tissus sont fabriqués dans les environs de Rouen et dans toutes les petites villes qui font la réputation industrielle de cette fertile partie de la Normandie. Conséquemment, la fabrique rouennaise se divise en deux genres bien tranchés. La ville de Rouen manufacture des étoffes de luxe dans lesquelles la soie se marie au coton ou à la laine, et les tissus qu'on désigne communément sous le nom de *rouennerie* se font pour la plupart dans la contrée qui sépare le Hâvre du chef-lieu du département de la Seine-Inférieure.

Comme pays de fabrique, la ville de Rouen ne peut désirer une meilleure position géographique que la sienne. Par sa proximité de la mer, cette ville peut recevoir de première main les cotons dont elle fait un si grand et habile usage dans les tissus qu'elle manufacture. A partir de Rouen, la Seine offre assez de profondeur, quand le flux de la Manche intercepte les eaux, pour recevoir les navires de moyenne dimension ; et si le port de Rouen n'a pas pris jusqu'à ce jour un plus grand développement maritime, il faut s'en prendre au peu d'initiative que nous avons quand il s'agit de marcher dans le chemin du progrès utile et indispensable à notre prospérité nationale. Pour être juste, il faut dire cependant qu'il serait à souhaiter que le reste de la France ne fût pas plus rétif que les Normands à la voix de l'industrie plus ou moins perfectionnée. Mais, comme je viens de le dire, cette partie de la Normandie est forcée d'être manufacturière par sa seule position géographique, qui, d'un côté, touche à la capitale, et, de l'autre, au Hâvre, qui est notre port de mer le plus important.

Il se fait de belles fortunes dans l'industrie rouennaise; mais là, comme dans tous les grands centres manufacturiers de l'Europe, le simple ouvrier est toujours aux prises avec le besoin, sinon avec la misère, faute d'obtenir une équitable rémunération pour son travail pénible et incessant. Les moins à plaindre, sous ce rapport, sont ceux de la campagne, qui tissent chez eux et font valoir, en même temps, un morceau de terre qu'ils possèdent avec la maison qu'ils occupent. Ceux-là sont les heureux du métier ; car, étant à la fois cultivateurs propriétaires et ouvriers de fabrique, ils ne donnent à l'industrie que le temps que leur laisse la culture du sol qu'ils possèdent.

Espérons qu'un jour viendra où le travail utile au bonheur moral et matériel de l'humanité sera assez équitablement rétribué pour que l'ouvrier n'ait plus le droit d'accuser l'opulence de le dépouiller au profit de ceux qui ne servent qu'à imposer des charges ruineuses à la société.

Je vais maintenant dire un mot de la vieille cité où Jeanne d'Arc, après avoir reconquis le royaume de Charles VII, fut brûlée vive sans que son lâche et ingrat souverain fît le moindre effort pour arracher cette noble héroïne à l'affreux supplice qu'avait enfanté la haine féroce des vaincus. La ville de Rouen a érigé un monument à la vierge de Domremi, sur la place du Vieux-Marché, pour perpétuer le douloureux souvenir de cet auto-da-fé soldatesque et marquer le lieu de son infâme exécution.

Ce fut en 1431, le 30 mai, que Jeanne d'Arc expia ainsi les services qu'elle venait de rendre à sa patrie en la délivrant de l'oppression étrangère. Mais je laisse ces pénibles remarques, appartenant à une époque barbare, pour parler de l'aspect actuel qu'offre la ville de Rouen.

La cathédrale et l'église Saint-Ouen sont des édifices

dignes de provoquer plus d'une fois l'admiration des amateurs de la belle architecture. La nef de l'église Saint-Ouen est un de ces chefs-d'œuvre fort rares dans les monuments de ce genre ; elle s'élance avec tant de hardiesse et de légèreté, qu'on la croirait plutôt soutenue par l'attraction du ciel que par les frêles colonnes sur lesquelles elle repose gracieusement. D'un autre côté, l'hôtel de ville, pour avoir été un ancien couvent, n'en est pas moins un des plus remarquables de France. C'est bien dommage que le jardin qui lui sert d'apanage soit si peu en harmonie avec les vastes dimensions de cet édifice municipal.

Le palais de justice de Rouen mérite bien aussi l'attention des voyageurs. On cite surtout le plafond en boiserie d'une des salles pour la beauté des ornements sculptés qui s'y trouvent.

Dans mes précédents séjours en cette ville, j'avais remarqué dans le renfoncement d'une rue voisine du palais de justice un vieillard vendant de la bonneterie dans une baraque deux fois grande comme la guérite d'une sentinelle. Ce vieillard avait contracté des habitudes mercantiles fort peu récréatives pour les passants et les gens du quartier. Dès que vous approchiez de son modeste établissement, il criait d'une voix stridente avec une volubilité phénoménale : « Des bas, des chaussettes et des bonnets de coton ! » Et vous eussiez passé près de lui vingt fois par heure, qu'il vous aurait vingt fois honoré de ses offres de service, sans y changer un mot, ni altérer le ton de sa voix.

Sa mise était la même en toutes saisons. Ses pieds étaient toujours encadrés dans des sabots bordés de peau de mouton laineuse. Sa tête était hermétiquement cernée par un bonnet de coton noir, qui ne laissait pas soupçonner la présence d'un seul cheveu dans cette prison de tricot.

Ne voyant jamais personne accueillir les offres incessantes de ce brave homme, je me demandais, chaque fois que je passais près de lui, comment il ne se rebutait pas de recourir à ce moyen oral pour attirer la pratique.

Désireux de mieux juger les résultats que ce vénérable bonnetier obtenait de sa tactique mercantile, je résolus un jour de lui acheter des chaussettes, afin de lier conversation avec lui sans révéler la curiosité qui se cachait au fond de cette modeste acquisition.

Après avoir choisi mes chaussettes et les avoir payées le prix qu'il m'en avait demandé, mon vénérable bonnetier paraissait si content de ma docilité, qu'il fit son possible pour me déterminer à prendre une demi-douzaine de coiffures de nuit, vulgairement nommées bonnets de coton. C'était une affaire d'or que m'offrait l'honnête boutiquier, si j'en devais juger par son langage; mais ayant toujours eu la plus profonde antipathie pour le bonnet classique, je n'eus donc pas de peine à résister aux séduisants éloges qu'en faisait mon interlocuteur.

Peu à peu, je fis dévier notre entretien sur le terrain où je désirais le placer; et je connus enfin le motif qui valait au public rouennais les bruyantes offres de service de cet humble marchand.

— Si vous teniez, lui dis-je, votre boutique dans un lieu mieux exposé aux regards des passants, je pense que vos intérêts s'en trouveraient aussi bien que votre poitrine; car ce doit être une rude tâche pour vous que d'appeler sans cesse la pratique sur ce ton-là.

— Votre observation pouvait être fondée, dit le vieillard, lorsque j'ai commencé les affaires, il y a cinquante ans; mais je risquerais d'être des semaines entières sans étrenner si, aujourd'hui, je suivais votre conseil.

— Comment cela? repris-je.

— Comment cela! il est facile de vous le dire, répond le brave homme en braquant sur moi ses petits yeux fauves. En ce moment, les affaires ne se traitent plus comme dans ma jeunesse. Autrefois, la probité suffisait au boutiquier pour se créer une réputation qui lui permît de faire fortune; mais, aujourd'hui, il lui faut du luxe et de la mauvaise foi. Pas de luxe, pas d'acheteurs; et comme je n'ai ni le moyen d'éblouir le public, ni le désir de le tromper, comprenez-vous, Monsieur, la triste figure que je ferais avec ma cabane dans nos rues les plus brillantes? Non-seulement je serais ridicule en appelant ainsi la pratique, mais je ne gagnerais pas l'eau que j'use à me faire la soupe le soir en rentrant chez moi...

— Vos arguments ne sont pas dépourvus de logique, lui dis-je.

— Un moment de réflexion suffit pour qu'on puisse se convaincre que j'ai raison. Puis, d'ailleurs, je vous répète, Monsieur, qu'il y a cinquante ans que je crie ma marchandise de cette manière; et j'avoue que cette habitude étant passée chez moi à l'état chronique depuis longtemps, il me serait impossible de l'abandonner; elle est pour moi ce que l'argent est pour l'avare, le vin pour l'ivrogne, l'orgie pour le débauché, le tabac pour le priseur ou le fumeur. Je ne serais pas surpris, voyez-vous, ajouta-t-il avec tristesse, que les dernières paroles que je prononcerai en ce monde fussent celles que je répète à tous les passants dix mille fois chaque jour.

Complétement satisfait de cette explication, je m'éloignai donc du vieux bonnetier ; mais j'avais à peine fait dix pas, que le brave homme avait déjà lancé cinq ou six fois à la tête des passants, ses bas, ses chaussettes et ses bonnets de coton avec un redoublement de volubilité et de sonorité, afin, sans doute, de rattraper le temps que je lui avais fait perdre.

Ce curieux personnage occupait une trop bonne place dans mes souvenirs pour ne pas m'assurer, pendant mon court séjour à Rouen, s'il y exerçait encore son modeste commerce. Je passai donc devant le lieu où se trouvait sa cabane; mais aucun cri n'ayant salué ma présence, j'en ai conclu que Dieu avait appelé l'intrépide bonnetier dans un monde où le luxe de l'étalage et la mauvaise foi ne sont pas indispensables aux boutiquiers pour faire fortune.

Il n'est si petit village qui ne puisse fournir plus ou moins de gens excentriques. Mais il est rare que les excentricités des Normands se distinguent par la prodigalité des richesses. Rouen étant une ville de commerce et d'industrie, la fortune n'y est pas rare; on y en compte même de considérables. Il s'y trouvait autrefois un négociant millionnaire, d'une avarice proverbiale. Il avait débuté dans la carrière commerciale en qualité de colporteur de la plus humble position. Son nom était Lutrel, si je me souviens bien, et les anecdotes qu'on racontait sur son compte étaient assez nombreuses pour former un curieux volume.

Pour prouver au lecteur que cette assertion n'est pas exagérée, je vais lui en rapporter ici quelques-unes que je tiens de source incontestable.

Ce monsieur Lutrel, ne comprenant pas que la vie pût être employée à autre chose qu'à thésauriser, conserva toujours les habitudes du plus *modeste* colporteur, quand il eut atteint le rang du négociant le plus élevé. Il faisait à pied les plus longs voyages que nécessitaient ses affaires; et pour voyager le plus économiquement possible, je me trompe, le plus profitablement possible, il se munissait d'un petit ballot de marchandises destinées à faire ses frais de route.

Voici comment il s'y prenait pour effectuer la vente de ce bagage :

Lorsqu'il s'agissait de payer la dépense qu'il avait faite dans l'auberge où il avait passé la nuit, il disait piteusement à l'hôtesse qu'il n'avait que des marchandises à lui offrir en paiement. La mise du négociant millionnaire répondait si bien à son langage, que l'hôtesse ne se bornait pas à prendre des marchandises pour la faible somme qui lui était due; de sorte que le colporteur improvisé obtenait de chacune de ces transactions un bénéfice qui dépassait de beaucoup le chiffre de ses dépenses. S'il n'en eût été ainsi, on comprend qu'un avare de cette force n'aurait sans doute pas hésité à faire la concurrence aux mendiants, en sollicitant une place dans une grange pour y goûter gratuitement les douceurs du sommeil.

En voici une autre, qui donne mieux encore la mesure de la dégradation que l'homme peut accepter sans honte, quand la cupidité a émoussé tous ses plus nobles sentiments.

Le millionnaire rouennais revenait de passer l'inspection administrative d'une de ses terres, située à quelques lieues de la ville. Notre avare était alors fort avancé en âge, et ce genre d'excursions n'était plus en harmonie avec sa vigueur physique. Sa femme, qui comprenait la vie différemment, avait des chevaux et une voiture dont elle faisait bon usage ; mais le père Lutrel ne se serait jamais pardonné d'avoir remplacé ses jambes et ses gros souliers ferrés par un véhicule dont il eût fait les frais.

Cependant, ce jour-là, il était bien fatigué de la course qu'il venait d'accomplir. Il désirait vivement qu'une occasion s'offrît pour lui permettre d'abréger le trajet qui le séparait encore de sa demeure. Il faut croire que les avares, comme les héros, ont aussi leur étoile ; car le désir du père Lutrel fut exaucé. En effet, une charrette escortée de deux gendarmes vint à passer sur la route, se dirigeant vers la ville de Rouen.

Sans s'inquiéter de la position sociale des individus qui se trouvaient dans cette charrette, le millionnaire supplie le brigadier de lui permettre de prendre place dans le véhicule qu'il escortait. Le gendarme, qui ne manque ni de mœurs ni de procédés, crut probablement devoir dire à son solliciteur à quelle classe appartenaient les gens qu'il escortait.

— Je m'en doutais, répondit ingénument l'avare ; mais je ne cours aucun danger en me plaçant sous l'égide de la gendarmerie française.

Et il monta dans la charrette avec l'arrière-pensée de quitter ses compromettants compagnons de voyage avant d'arriver à la ville. De cette manière, notre millionnaire aurait pu soulager ses jambes sans autres frais qu'un remerciement adressé au chef de l'escorte. Mais le hasard n'a pas voulu que cette turpitude restât ignorée du public rouennais, afin de le mieux initier aux bassesses que pouvait commettre la plus haute sommité commerciale de la grande cité industrielle.

Pendant que monsieur Lutrel cheminait ainsi côte à côte avec les criminels qu'on dirigeait vers la prison départementale, un cavalier vint à passer; et à peine eut-il jeté furtivement un coup d'œil sur la charrette, qu'il s'approcha avec étonnement du brigadier pour lui demander la cause de l'arrestation du millionnaire normand. — Un millionnaire ! répond en souriant le gendarme. Voilà qui serait très-drôle, par exemple, si cette espèce de mendiant pouvait mériter l'épithète séduisante que vous lui donnez. — Je vous dis, reprend le cavalier, que vous avez sous votre escorte le plus riche négociant de Rouen; je le connais parfaitement de vue, et c'est pourquoi je vous demande la cause de sa présence parmi ces criminels. — Il m'a demandé, répond le brigadier, comme une faveur de monter dans cette voiture; et, le prenant pour un pauvre diable, je lui en ai accordé la permission, sans omettre cependant de lui dire avec quelle sorte de gens il allait se trouver. Mais je vous remercie, Monsieur, de m'avoir donné ces renseignements sur son compte, car je ne manquerai pas d'en tirer bon parti.

Là-dessus, le brigadier donna de l'éperon à son cheval pour rattraper la voiture qui n'avait cessé de rouler pendant cet entretien.

Dès que les premières maisons de la ville se dessinèrent dans le lointain, le père Lutrel demanda à descendre, donnant pour raison qu'il n'allait pas jusqu'à Rouen. Le brigadier lui dit qu'on arrêterait un peu plus loin, et qu'il pourrait en profiter pour mettre pied à terre. Voyant qu'on ne s'arrêtait pas, le vieil avare réitéra sa demande. Mais le brigadier se borna de son côté à renouveler sa promesse. Cependant la voiture approchait des faubourgs en redoublant de célérité.

Puis on arriva à la barrière, et les employés de l'octroi restèrent stupéfaits en voyant le père Lutrel sous l'escorte de la gendarmerie. Bientôt la charrette fut suivie d'un groupe considérable, cherchant à connaître le crime dont s'était rendu coupable le plus fameux négociant de la ville. Les gendarmes se gardaient bien de répondre aux pressantes questions qu'on leur adressait à chaque pas sur le chemin qu'ils suivaient pour se rendre au palais de justice; et, malgré les efforts que faisait l'avare pour proclamer son innocence, personne n'en voulait croire un mot. Mais une fois arrivé dans la cour du palais de justice, il descendit avec tout le calme d'un homme que la bassesse a depuis longtemps affranchi de la honte, remercia le brigadier de son obligeance, et se dirigea chez lui avec autant de satisfaction apparente que s'il eût été l'objet d'une ovation populaire bien méritée. Les curieux qui avaient suivi la charrette jusque-là apprirent donc enfin la cause de cette entrée triomphale, et ne manquèrent pas de le répéter à tout le monde et d'en rire à satiété.

Dans une circonstance presque semblable à la précédente, le père Lutrel trouva l'occasion d'abréger son chemin aussi économiquement qu'en se mettant sous l'égide de la gendarmerie française. Il revenait d'acquérir une terre du prix de quinze cent mille francs qu'il avait payée comptant. C'était une bonne acquisition, ainsi que l'attestaient les baux des fermes dont se composait cette propriété; autrement, notre avare ne s'en fût pas rendu possesseur. Il revenait donc joyeux chez lui après avoir conclu une si belle affaire; mais sa vigueur physique ne finit pas moins par s'épuiser en accomplissant la trop rude tâche qu'il lui imposait. La nuit était déjà arrivée, et la ville de Rouen était encore loin. De temps en temps le millionnaire prêtait l'oreille pour savoir si la chance ne lui offrirait pas un véhicule gratis. Ses vœux furent exaucés ; un cabriolet attelé d'un cheval vigoureux vint à dépasser notre pédestre voyageur, qui parvint, non sans un grand effort d'agilité, à s'asseoir derrière.

Comme il faisait nuit, notre avare se promettait bien de n'abandonner sa place qu'à l'endroit où le cabriolet pourrait prendre une direction opposée à celle de la ville. Loin qu'il en fût ainsi, la voiture se dirigea sur la métropole normande en ligne directe, où elle s'arrêta devant la demeure du sordide négociant. Il crut que ceux qui occupaient le cabriolet s'étaient non-seulement aperçus de sa présence à la place du domestique, mais qu'ils l'avaient reconnu et qu'ils le déposaient devant sa porte même pour l'humilier. Ce n'était pas de cette manière qu'on infligeait une humiliation au père Lutrel ; toute la ville le savait. Aussi notre avare se trompait-il, et n'en put douter en voyant le cabriolet entrer dans la cour de sa maison pour y déposer madame Lutrel qui revenait de faire une longue et agréable promenade à l'aide des jambes d'un bon coursier du pays. Mais le millionnaire n'en rendit pas moins grâce au hasard qui l'avait si bien servi en le ramenant comme un valet jusque dans sa demeure.

Je pense pouvoir encore ajouter une anecdote sur cet étrange personnage sans m'exposer à la désapprobation de mes lecteurs.

Il existe à Londres, ou du moins il existait au moment où le père Lutrel était dans les affaires, un marché mensuel auquel assistaient les principaux négociants de l'Europe pour y acheter les denrées coloniales provenant des vastes possessions britanniques. L'importance de la maison du millionnaire rouennais lui imposait la profitable obligation de ne pas manquer un des marchés mensuels de la métropole du monde. Il était d'usage parmi ces sommités commerciales de faire précéder l'ouverture du marché par un repas dont ils faisaient les frais individuellement tour à tour. Ce banquet, par sa succulence et le nombre des convives, coûtait une somme considérable, mais qui se répétait rarement deux fois au compte du même individu, à cause du laps de temps qui s'écoulait avant de se voir appelé à en refaire les frais. Le père Lutrel assistait ponctuellement à ce somptueux festin sans s'inquiéter le moindrement du devoir qu'il contractait par sa présence d'en faire un jour les honneurs et d'en acquitter l'addition. Le quart d'heure de Rabelais était déjà arrivé depuis longtemps pour notre avare, lorsque ses confrères se coalisèrent, sous forme de plaisanterie, pour le contraindre à payer ce tribut gastronomique. L'hôte de la taverne où le repas avait lieu fut prié par tous les convives de présenter le *bill* du festin à monsieur Lutrel, en lui disant que son tour de le payer était arrivé; mais que s'il se refusait absolument à le solder, un autre s'en chargerait.

L'hôte se conforma fidèlement à ses délicates instructions, et s'acquitta si bien du rôle que les coalisés lui confiaient pour rappeler aux convenances leur cupide confrère, que celui-ci, malgré une longue série d'objections toutes plus ou moins mal fondées, finit cependant par solder le *bill* du tavernier.

Mais le père Lutrel n'était pas homme à subir, sans en tirer une éclatante vengeance, une plaisanterie de cette nature. Il eut bientôt trouvé le moyen de dégoûter ses confrères de regarder de si près sa conduite quand il s'agirait de convenances sociales et de dignité personnelle.

En effet, les convenances et la dignité ont peu d'attrait pour les avares, et le père Lutrel, pour se rembourser la somme qu'on lui avait si difficilement extirpée de la poche, s'écarta, pour cette fois, sans le moindre scrupule, des conventions commerciales qu'il avait promis d'observer avec tous ses confrères. Il était convenu entre tous ces messieurs de ne rien acheter avant l'ouverture du marché, afin de ne pas donner occasion aux détenteurs des marchandises de tenir les prix trop élevés par des transactions isolées. Mais le père Lutrel avait à peine compté les guinées que lui demandait le tavernier pour son festin mensuel, qu'il courut chez son courtier pour lui donner ordre d'acheter, sans délai, tous les indigos qui se trouvaient sur la place de Londres.

La solvabilité de notre avare était trop bien établie dans toute l'Europe pour que le courtier hésitât une minute à remplir l'ordre de son client. Tout l'indigo que le courtier put trouver sur le marché fut donc acheté au nom et pour le compte du négociant rouennais; et à cette époque de guerres générales contre la France et le reste du vieux monde, cette denrée coloniale était fort rare et d'un prix très-élevé, conséquemment. On comprend aisément que le père Lutrel ne pouvait choisir un meilleur article pour atteindre le but qu'il se proposait.

Le jour de l'ouverture du marché arrive, et quelle n'est pas la surprise des négociants étrangers en n'y voyant pas une once d'indigo à acheter. Tout ce qui s'y trouvait était vendu; et comme on avait de sérieuses raisons pour demander le nom de cet acquéreur clandestin, la même réponse était faite à tous les indiscrets. Ce ne fut qu'alors que les confrères du père Lutrel connurent toute la gravité que pouvait avoir une plaisanterie pécuniaire faite à un homme qui n'avait d'autre culte que celui des richesses. Comme il leur fallait de l'indigo à quelque prix que ce fût pour répondre aux plus pressants besoins de leur clientèle, ils se virent dans la pénible nécessité de supplier leur déloyal confrère de leur céder une partie de la précieuse denrée qu'il avait accaparée en dépit d'une convention à laquelle il avait souscrit. Cependant, après s'être fait bien prier, notre avare consentit, *moyennant cinq cent mille francs de profit,* à céder une partie de son indigo, et fit venir le reste à Rouen pour le vendre au poids de l'or aux manufacturiers.

A partir de ce jour, le père Lutrel fut plus que jamais fêté par ses confrères du marché de Londres; mais ils se gardèrent bien d'en exiger le moindre échange de politesse et de bons procédés gastronomiques.

Pour adoucir un peu l'âpreté des couleurs du tableau que je viens d'esquisser, je dois le terminer en disant que notre avare n'ayant pas eu de fruit paternel de son mariage, il eut au moins assez de générosité pour réparer, après sa mort, la coupable indifférence qu'il avait témoignée de son vivant envers ses pauvres et nombreux héritiers collatéraux. Il laissa son immense fortune à qui de droit, et, chose digne de remarque, bien que cet héritage vînt d'un Bas-Normand et fût recueilli par des Bas-Normands, on m'a dit qu'il n'avait donné lieu à aucun procès. Quelle déception pour les sangsues judiciaires du pays!

Au nombre des héritiers du père Lutrel, se trouvaient des jeunes filles exerçant le métier de tondeuses ou de trameuses à Elbeuf. Dès qu'on sut qu'elles avaient plusieurs centaines de mille francs à prendre dans la succession du millionnaire rouennais, les jeunes gens les *mieux nés* de la contrée s'empressèrent de les rechercher en mariage. Mais il paraîtrait qu'elles étaient douées de sentiments trop honnêtes pour étouffer le bonheur du foyer domestique sous le manteau de la vanité sociale. Elles se montrèrent dignes des faveurs de la fortune, ces filles du peuple, en accordant leur choix à de braves ouvriers comme elles; et elles furent récompensées de cette noble préférence par un surcroît d'affection et de tendresse conjugales. Il serait à souhaiter que tous les parvenus prissent la conduite de ces dignes jeunes filles pour exemple.

Le lecteur pensera comme moi, sans doute, que ces anecdotes ont leur moralité. On dit avec raison que souvent les extrêmes se touchent. C'est une incontestable vérité à l'égard de l'avare sordide et du prodigue débauché; car si celui-ci fait des dupes tout en se ruinant, l'autre ne cesse de faire des victimes en thésaurisant.

Maintenant, je reviens à mon excursion dans la ville de Rouen et ses environs. Comme dans toutes les vieilles cités de la France, les rues y sont tortueuses et étroites. Ses habitants sont actifs, laborieux et économes, et semblent surtout prendre le plus grand soin de transmettre à la postérité l'accent normand que leurs ancêtres ont infligé à la langue française.

Si l'on veut jouir de deux points de vue ravissants, il faut visiter le Cours-la-Reine, et monter au sommet de la côte Sainte-Catherine.

Le Cours-la-Reine est une promenade située entre

une immense prairie et la rive gauche de la Seine. De là, on voit de l'autre côté de la rivière la ville industrielle bornée par une chaîne semi-circulaire de collines aussi fertiles que pittoresques. Malgré la délicieuse position de cette longue promenade, elle est presque toujours déserte, excepté le dimanche dans la belle saison.

Le tableau change d'aspect quand on est au sommet de la côte Sainte-Catherine. L'horizon s'éloigne à une grande distance dans toutes les directions. Le regard plane sur une campagne féconde et bien cultivée; l'agriculture et l'industrie y sont l'objet de toutes les occupations; tous les campagnards sont aussi habiles à tisser les étoffes qu'à guider la charrue. De ce haut et pittoresque piédestal, on domine complétement la vieille cité normande.

Elle offre en groupes compactes les toits poudreux de ses antiques maisons au-dessus desquelles se dressent majestueusement les tours des églises, et particulièrement le moderne clocher en dentelle de fer de la cathédrale, qui est une des plus remarquables de France. Puis la Seine, vue de cette élévation, se laisse accompagner du regard sur une immense étendue; elle dessine ses eaux argentées en caressant de vertes prairies de chaque côté de son lit, et contourne nonchalamment çà et là des îlots touffus qui embellissent sa couche sans nuire à la navigation. On voit aussi stationnant près des quais un assez bon nombre de navires caboteurs qui déposent ou prennent les marchandises qui sont l'objet de leurs excursions maritimes.

Après avoir ainsi contemplé ce magnifique tableau sur toutes ses faces, la journée touchait à sa fin. Il ne me restait plus qu'à attendre l'heure du départ du bateau à vapeur qui devait me conduire au Havre. C'était vers minuit que ce départ devait s'effectuer; cette heure était dictée par le flux à la merci duquel se trouve l'accès du port du Havre.

Au moment indiqué pour faire route, un dernier coup de cloche donna le signal, et, quelques minutes après, la patrie du père de la tragédie française, de l'immortel Pierre Corneille, disparaissait dans les épaisseurs des ténèbres de la nuit.

N'ayant choisi cette route fluviale que pour bien contempler les bords de la Seine depuis la capitale jusqu'à son embouchure, je regrettais vivement de m'éloigner ainsi de Rouen au sein de l'obscurité. Heureusement la limpidité du ciel abrégea un peu les heures ténébreuses du voyage en n'opposant aucune entrave au retour de l'astre du jour, dont les vivifiants rayons illuminèrent bientôt la belle et riche contrée que sillonnait la rivière.

A mesure que nous approchions du Havre, les rivages s'éloignaient de plus en plus l'un de l'autre, et les vagues étaient assez audacieuses pour retarder la marche de notre bateau. Ces ondulations n'étaient pas agréables à tous les passagers; et malgré l'amour-propre qu'on mettait à ne pas céder à leur fâcheuse influence, la pâleur du visage et l'inquiétude du regard trahissaient le malaise qu'on éprouvait. Il n'était pas nécessaire d'être docteur d'une faculté quelconque pour voir que chez un grand nombre de voyageurs les estomacs se prédisposaient à digérer d'une manière anormale. Il y en eut même qui ne purent s'empêcher de payer un tribut complet à ces faibles agitations des premières vagues de la mer.

Quant à moi, j'avoue avec plaisir, mais sans la

moindre vanité, que je supportai héroïquement cette première épreuve. Je ne ressentis qu'un très-léger frémissement intérieur qui n'eut d'autre résultat que celui de me convaincre que j'abordais l'empire du vieux Neptune. D'après mon attitude, j'ai cru donc pouvoir me classer au nombre de ceux qui peuvent braver impunément le courroux des flots, chaque fois que leur fureur n'attaque que la solidité de leur estomac. Grâce à cet avantage constitutionnel, je ne cessai de contempler la nature d'un regard enchanté jusque dans le port du Havre, où j'ai fait un séjour qui fournira quelques pages curieuses au lecteur.

CHAPITRE IV

Ce qu'est le Havre et ce qu'il devrait être.

Le Havre est le Liverpool de la France ; mais il est loin d'égaler le Liverpool de l'Angleterre. Cette infériorité maritime tient moins à la position géographique de notre premier port de mer, qu'à l'inaptitude du peuple français à tirer parti des ressources de son pays, et aux lois routinières qui régissent la douane.

La plupart des remarquables navires qui séjournent dans le port du Havre portent le pavillon étoilé de la confédération américaine. La marine marchande de notre pays est si limitée en nombre, qu'elle suffit à peine pour faire le service de nos colonies, et quelques voyages dans l'Amérique du Sud. On dirait que la marine de l'État absorbe tous les éléments nécessaires au développement de la marine marchande. S'il en est ainsi, il serait à souhaiter, pour la prospérité de la France, qu'elle comptât un peu moins de vaisseaux de ligne et de frégates, et un peu plus de clippers pour transporter nos produits manufacturés dans toutes les lointaines régions où ils sont susceptibles de trouver de profitables débouchés.

La France compte par centaines les bâtiments de guerre à vapeur, et presque toute sa correspondance avec l'étranger est transportée par des steamers anglais ou américains. Il y a nombre d'années que l'habile et énergique Albion a établi des lignes de steamers avec tous les points principaux des deux Amériques; mais la France semble ne pas encore avoir compris le tort incalculable qu'elle cause à ses intérêts mercantiles extérieurs en n'imitant pas l'exemple de sa voisine et redoutable concurrente manufacturière. Sur un budget de près de deux milliards qu'on tire chaque année de la poche du peuple français, ne pourrait-on pas disposer de quelques rognures de cette montagne de précieux métal en faveur de quelques lignes de steamers transatlantiques? Selon moi, ce serait pourtant de l'argent qui ne pourrait manquer de donner un bon revenu; car, en établissant des rapports directs avec le Nouveau-Monde, nous aurions plus de facilité à lutter avec succès contre la concurrence que l'Angleterre fait à la France dans la sphère commerciale de ces vastes et riches contrées.

Il ne faut qu'y réfléchir un moment pour comprendre l'impérieuse nécessité qu'il y a de donner de l'essor à notre marine de commerce, si nous ne voulons pas nous faire complétement oublier outre-mer comme nation maritime. Aujourd'hui, si un marchand de ces contrées lointaines veut venir en France faire des achats, il est obligé de s'embarquer pour l'Angletere, afin de pouvoir abréger la traversée par la puissance de la vapeur; et c'est encore en Angleterre qu'il va s'embarquer pour retourner chez lui avec célérité.

En forçant ainsi tous les importateurs d'outre-mer à passer en Angleterre pour venir chez nous et à y séjourner plus ou moins longtemps, ne donnons-nous pas à nos habiles voisins d'outre-Manche un moyen infaillible d'écouler leurs produits manufacturés au préjudice des nôtres? Pour en douter, il faudrait être plus qu'incrédule, il faudrait être privé de bon sens.

Ce qui prouve combien le Français est peu apte à fonder et surtout à diriger de grandes entreprises, ce sont les personnes qu'il choisit pour les contrôler. Au lieu de solliciter le concours d'hommes capables et pratiques, on recherche souvent des nullités titrées, n'ayant pas la moindre capacité administrative, mais toujours bien disposées à palper le fruit de l'entreprise et à en entraver le succès par leur ineptie.

Chez nous, si une compagnie se fonde, elle commence par absorber la majeure partie de son capital social dans un luxe inutile d'installation ; et quand il s'agit d'opérer, il n'y a plus le sou dans la caisse.

C'est ainsi qu'a procédé la fameuse compagnie qui s'était formée, il y a quelques années, pour établir une ligne de steamers entre Cherbourg et New-York. Pour se donner plus d'importance, elle faisait faire antichambre aux voyageurs qui se présentaient pour arrêter leur passage. Cette mesure pouvait paraître de bon goût aux gens titrés qui se trouvaient à la tête du personnel de cette compagnie ; mais elle ne pouvait manquer de nuire aux intérêts de l'entreprise. Les maîtres d'hôtel de ces steamers n'étaient pas seulement décorés de la légion d'Honneur, ils joignaient encore à cette distinction sociale un titre de noblesse quelconque.

Comme on le suppose bien, ces messieurs faisaient leur métier en amateurs. Ils avaient soin de se faire servir les meilleurs morceaux; et, plus d'une fois, ils furent eux-mêmes obligés de se priver de café et de sucre pour avoir oublié d'en faire provision avant le départ. Si les passagers se plaignaient à ces nobles maîtres d'hôtel d'un oubli de cette nature, ceux-ci répondaient avec une dignité blessée, qu'ils n'étaient pas à bord pour s'occuper de semblables détails. Il en était de même pour l'approvisionnement du charbon; les steamers en manquaient presque à chaque traversée.

On comprend que le succès de cette entreprise répondit promptement à sa bonne administration. La malheureuse compagnie s'affaissa complétement sous le poids de l'ineptie de ses administrateurs; et depuis cette ridicule tentative, la France n'a rien fait encore dans l'océan Atlantique pour se réhabiliter de cet échec maritime, si préjudiciable à ses intérêts commerciaux.

Cependant un marin américain, de la plus grande expérience dans sa profession, m'a dit que, pour la navigation à la vapeur, il ne connaissait pas de meilleure ligne que celle du Havre à New-York. Il donnait des arguments incontestables à l'appui de cette assertion.

La situation de ce port français, disait-il, étant à la porte de la capitale, attirera toujours un très-grand nombre de passagers pour un service de steamers entre la France et les États-Unis. Ceux qui vont en ce moment débarquer et s'embarquer en Angleterre, ne manqueraient pas de donner la préférence au port du Havre, puisqu'il y aurait pour eux économie de temps et d'argent à le faire.

Sous le rapport du fret, ce port n'est pas moins

avantageux. Il n'y a que les marchandises de luxe qui peuvent supporter les prix élevés du transport par la navigation à la vapeur, et tout le monde sait que la France a presque le monopole de ces riches productions industrielles. Conséquemment, notre pays peut donc plus qu'aucun autre donner du fret à la navigation à vapeur faisant le service d'outre-mer. Avec de tels éléments de succès, il suffirait d'une subvention fort modérée du gouvernement français pour que cette ligne de steamers prospérât et fît prospérer la France, en favorisant l'extension de ses rapports commerciaux dans l'Amérique.

Un autre moyen de prospérité pour notre pays et nos ports marchands, serait de supprimer les droits d'entrée pour les matières premières que nos manufactures sont forcées de tirer de l'étranger. Il faut placer le coton en laine au premier rang. La taxe qui pèse sur cet article varie de cinq à trente-cinq francs pour les cent kilogrammes. Comme l'Angleterre admet chez elle le coton franc de droit, il n'est donc pas étonnant que, pour ce qui concerne les tissus de coton, la France ne puisse pas lutter contre son habile rivale sur les marchés étrangers.

Il est vrai que le gouvernement français arcorde une prime de sortie à certains articles de coton; mais cette faveur est insuffisante pour balancer les avantages qu'offre l'entrée libre de la matière première; cette prime compense à peine les démarches ennuyeuses qu'elle impose à l'expéditeur. Il est impossible d'évaluer la somme de bien-être que la routine et les mauvaises institutions ravissent à l'humanité.

En modifiant sagement le tarif de la douane et en subventionnant quelques lignes de steamers naviguant entre la France et les deux Amériques, le port du Havre deviendrait bientôt ce qu'il devrait être depuis longtemps, si chez nous le gouvernement s'attachait un peu moins à ériger des palais avec les deniers publics, au préjudice de la protection qu'il doit au développement des ressources commerciales du pays. Par principe, je suis opposé à l'intervention directe des gouvernements dans les affaires industrielles et commerciales. Les bons gouvernements doivent être aussi prodigues en fait de bonnes lois que parcimonieux en matière de subvention. Il n'y a que les entreprises impérieusement réclamées par la prospérité publique, et trop dispendieuses pour payer par elles-mêmes l'intérêt du capital qu'elles exigent, il n'y a que de telles entreprises, dis-je, qui méritent d'être subventionnées par l'État; autrement, il faut laisser agir le capital collectif ou individuel à ses risques et périls. C'est ainsi qu'un peuple apprend à marcher seul en acquérant les connaissances pratiques qui le placent à la tête des nations civilisées.

CHAPITRE V

Séjour au Havre.

A l'époque où je m'embarquai pour l'Amérique, la vapeur n'avait pas encore été appliquée à la navigation transatlantique. C'était un problème à l'ordre du jour parmi les navigateurs ; mais la solution en semblait fort douteuse, sinon impossible. Les Anglais furent les premiers à tenter cette difficile et importante épreuve entre Liverpool et New-York ; et, depuis lors, l'Europe et le Nouveau-Monde se touchent, en dépit des douze cents lieues qui les séparent. Un avenir peu éloigné réserve encore un plus grand rapprochement à ces deux continents à l'aide du fil électrique. Peu d'années s'écouleront, en effet, avant qu'un Américain et un Européen puissent converser ensemble sans sortir du lieu qu'ils habiteront respectivement, c'est-à-dire assis au coin de leurs foyers respectifs.

Je disais donc qu'à l'époque où je partis pour le Nouveau-Monde, il n'y avait que des navires à voiles pour transporter outre-mer voyageurs et marchandises. Les départs étaient annoncés comme devant avoir lieu à jour fixe ; mais il n'était pas rare de voir le navire rester une ou deux semaines de plus dans le port, soit qu'il y fût retenu par les vents contraires ou pour compléter son chargement. Ces délais ont surtout lieu pour les navires qui n'appartiennent pas à une ligne faisant un service régulier entre deux ports ; comme ceux qui vont, par exemple, du Havre à la Nouvelle-Orléans, ville pour laquelle je voulais m'embarquer.

Je fus obligé de séjourner environ quinze jours au Havre, en attendant le départ du bâtiment sur lequel j'avais pris passage ; et ce délai m'a forcé, pour me soustraire au désœuvrement, de chercher le moyen de fournir quelques pages récréatives de plus à mes lecteurs. Je ne puis dire si j'ai atteint mon but ; mais je vais mettre ceux qui me suivent à même d'en juger.

CHAPITRE VI

Mes excursions au Havre.

Le mouvement maritime du Havre offre une distraction permanente, et plus ou moins variée, aux étrangers qui séjournent en cette ville. Il ne se passait presque pas de jour sans que je me donnasse le plaisir d'inspecter une grande partie des navires qui stationnaient dans les bassins. Le capitaine du port, j'en suis convaincu, ne déployait pas tant de zèle que moi pour se rendre compte de l'œuvre collective qui s'accomplissait journellement sur la place. Il est vrai que c'était pour me récréer que je m'imposais gratuitement cette mission d'inspecteur, et que le capitaine du port n'agissait qu'autant que ses fonctions rétribuées lui en faisaient un devoir impérieux.

Il y avait surtout un bassin où régnait une activité incessante; c'était celui où séjournaient les navires américains. C'était là, du reste, qu'il fallait aller pour voir les plus beaux bâtiments du port du Havre. Sans être marin, on reconnaissait, au premier coup d'œil, à la coupe élégante, aux vastes proportions et à la mâture élancée de ces magnifiques navires, qu'ils appartenaient à une nation maritime de premier ordre. Il était facile aussi de se convaincre, en voyant la foule d'émigrants qu'emmenaient ces navires, que cette nation lointaine n'avait pas que les ressources de la navigation pour faire naître chez elle la prospérité publique. En effet, les États-Unis sont à la fois puissance maritime, agricole et industrielle par excellence. Comme cette jeune nation joint à ce triple avantage matériel celui d'être régie par des institutions les plus équitables du monde, il n'est pas étonnant de voir certaines parties de l'Europe se dépeupler au profit d'un pays si richement doté par les lois et la nature.

Mais j'oublie que, pour le moment, il s'agit de mon séjour au Havre. Je reviens donc à mon sujet en quittant les bassins pour explorer les environs de la ville.

Au nord du Havre se trouve la délicieuse colline d'Ingouville, sur laquelle se dissimulent, dans des bouquets d'arbres, de charmantes villas habitées par les sommités commerciales du Liverpool français. Du haut de cette pittoresque colline, le regard plane sur toute la rade et contemple en même temps la fertile et ravissante campagne formant le rivage opposé de l'embouchure de la Seine, dont les eaux jaunâtres refusent obstinément, sur une longue distance, de se marier à celles de la mer.

De ces villas, vous êtes témoin de tout le mouvement du port. Vous pouvez, sans mettre le pied dehors, accompagner de l'œil les navires qui entrent au Havre ou s'en éloignent. Les gais refrains que chantent les matelots pour saluer la France, ou lui dire adieu, vous parviennent avec les cris des poulies et ceux des cabestans. Et pour savoir ce qui se passe en ville, vous n'avez qu'à laisser tomber vos regards au pied de la colline pour satisfaire votre curiosité. Si vous ajoutez à ce tableau récréatif, l'air pur qu'on respire sur ce coteau, vous comprendrez que le droit d'y demeurer comme propriétaire, et même comme locataire, ne peut s'obtenir sans bourse délier.

Dans une ville comme le Havre, d'une si grande importance commerciale, on n'a pas encore songé à la doter d'un monument indispensable aux disciples de Mercure. C'est en vain que l'étranger cherche au Havre le temple de la Fortune ; car ce qui en tient lieu est la place de la Mâture, quand il fait beau temps, et une vieille forteresse en ruines, lorsque les nuages fondent sur la ville, ce qui n'est pas rare.

Chose digne de remarque, chez des gens aussi positifs que les Havrais : ils ont oublié de se construire un lieu de rendez-vous commercial ; mais ils n'ont pas reculé devant la dépense d'une salle de bal et de concert, qu'on dit être une des plus remarquables de France sous le rapport de la somptuosité des décors.

Le théâtre du Havre, sans avoir rien de monumental à l'extérieur, pas plus qu'à l'intérieur, figure néanmoins assez dignement sur la place de la Mâture, qui est la plus belle de la ville. A l'époque dont je parle, les théâtres de province faisaient de bien meilleures affaires qu'aujourd'hui, et, conséquemment, avaient souvent des artistes qui parvenaient à donner une assez juste idée du mérite de ceux de la capitale.

Pour pouvoir apprécier le talent de la troupe du

Havre, j'allai au théâtre, un jour qu'on y jouait *Zampa*, le chef-d'œuvre d'Hérold. Dans la crainte de manquer de place, je me rendis d'assez bonne heure dans la salle; mais, à ma grande surprise, je la trouvai déserte, bien que les portes fussent ouvertes depuis plus d'un quart d'heure. Ce peu d'empressement du public havrais me fit supposer que la troupe théâtrale était loin d'exceller dans l'interprétation de la belle musique; et la presque complète obscurité dans laquelle je me trouvais dans la salle, accusait une parcimonie qui encourageait encore mon jugement anticipé.

Cependant je vis bientôt que je m'étais trompé en attribuant le vide où je me trouvais à l'indifférence du public; car les spectateurs avaient presque rempli toutes les parties de la salle au moment où les musiciens vinrent prendre leur place pour préluder à la représentation. Tout ce mouvement se passait au sein des ténèbres; il était impossible de distinguer une figure humaine à trois pas de soi. Sous le rapport du luminaire, je trouvais que le directeur poussait un peu trop loin l'économie. Je m'attendais qu'on exécuterait l'ouverture brillante de cet opéra sans y faire intervenir les becs de gaz; mais je me trompais encore. Au moment où retentit le signal du régisseur, la lumière se fit dans toute la salle avec la promptitude et la docilité que le soleil mit à éclairer le monde, quand Dieu lui en donna l'ordre du haut de son trône éternel.

Le rideau était à peine levé que je me félicitais d'avoir voulu voir jouer *Zampa* au Havre; car cette délicieuse musique y fut exécutée avec un ensemble qui eût causé une vive satisfaction à l'auteur même de cette admirable partition, si douce et si vigoureuse à la fois. Je me disais : si ce résultat harmonieux est le fruit de l'obscurité que le directeur impose aux spectateurs avant le lever du rideau, loin de blâmer cette mesure économique, je l'approuve sincèrement; et je ne doute pas que les Havrais ne soient de mon avis sur ce point, malgré le plaisir que prennent les Normands de n'être de l'avis de personne.

Pour me familiariser avec l'élément qui sert de trait d'union au vieux monde et au nouveau, j'allais souvent faire des excursions nautiques jusqu'en grande rade. Un canot et un vieux matelot me suffisaient pour accomplir cet apprentissage de passager. Il m'arrivait cependant quelquefois de me donner deux hommes d'équipage; mais cela n'avait lieu que quand il devenait nécessaire de lutter sérieusement contre l'indocilité des vagues. Ma grande récréation, dans ces promenades aquatiques, était de provoquer la faconde des matelots qui me faisaient ainsi préluder à ma traversée prochaine. J'avais trouvé un vieux marin qui narrait avec une si grand facilité, et tant de plaisir, que je préférais souvent manquer une excursion que d'en prendre un autre. Il avait servi dans la marine de l'État, mais plus longtemps encore dans la marine marchande. Toutes les contrées du globe lui étaient connues aussi bien qu'elles peuvent l'être d'un simple matelot, qui les fréquente sans sortir de son navire.

Un jour, nous fûmes croisés en rade par un canot que dirigeait un jeune et vigoureux marin, qui reçut de mon vieux conducteur un bonjour si cordial, que je crus voir, en ce jeune matelot, un héros du port du Havre. Pour savoir si cette supposition était fondée, je n'eus qu'une seule question à faire à mon vieux canotier :

— Si je ne me trompe, ce marin est un de vos meilleurs camarades? lui dis-je.

— Vous ne vous trompez pas, Monsieur; car il est plus qu'un camarade pour moi : c'est un ami, et de la bonne trempe, allez, j'en réponds, répliqua mon vieux matelot avec son air de franchise habituelle.

— Il est taillé en hercule, dis-je, et ce doit être un marin précieux dans une tempête.

— Pour la pêche à la baleine, il n'y a pas son pareil, voyez-vous, répondit mon vieux canotier avec autant d'orgueil que s'il eût fait son propre éloge. Mais, continua-t-il, si c'est fort comme un éléphant, c'est bon et sensible comme une sœur de charité. Ça vous a l'écorce dure comme un vieux chêne, et le cœur tendre comme une jeune vierge. Je pourrais vous en donner mille preuves; mais une seule suffirait pour vous faire partager mon opinion sur son compte, j'en suis sûr.

— Je la partage sans preuve, votre opinion sur ce jeune marin; mais j'écouterai volontiers une petite histoire dont il sera le héros, si vous en connaissez une intéressante, répondis-je.

—Vous allez être satisfait à l'instant même, dit mon vieux canotier. Et il me gratifia d'un épisode que je viens à mon tour répéter tel qu'il m'a été raconté.

CHAPITRE VII

L'ami des vieux matelots.

« C'est un rude métier, dit le narrateur, que celui de marin. Pour le bien faire, il faut autant de force que d'agilité. Aussi longtemps que nous pouvons grimper aux mâts comme des singes; sauter de vergue en vergue comme des écureuils; carguer et décarguer une voile en dépit du choc des vagues et des sifflements de la tempête; tant que nous pouvons faire tout cela, nous pouvons vivre de notre métier. Mais du moment que le marin manque de force et d'agilité, les armateurs le laissent dans le port, comme un vieux navire qui a fait son temps et qu'on va démolir. L'armateur devient millionnaire avec la sueur du matelot; mais il n'en jouit pas moins de sa fortune et de la considération publique, pendant que nous traînons une vieillesse désolée, en compagnie de la misère et des infirmités.

« Les gens qui ne connaissent le matelot que d'après

le sort qu'on lui fait dans les pièces de théâtre, nous croient les princes des mers. C'est vraiment dommage que le tableau ne ressemble en rien à l'original. C'est si vrai, que nous ne pouvons jamais nous reconnaître dans ces scènes de comédie où les auteurs nous font figurer comme les heureux de ce monde. Pour faire leur besogne plus consciencieusement, ces écrivains devraient nous étudier dans notre élément, en nous tenant compagnie dans une demi-douzaine de voyages de long cours; alors ils pourraient prendre la plume et nous peindre d'après nature. Si l'on nous montrait tels que nous sommes, nous ne pourrions qu'y gagner et le public aussi. Mais je m'aperçois que je n'ai pas encore dit un mot de l'histoire que vous m'avez demandée. Je commence alors mon récit, pour ne le quitter qu'après l'avoir terminé.

« Vous n'avez pas été sans remarquer, Monsieur, ces groupes de vieux marins qui stationnent à la tête des bassins du Havre. La plupart de ces matelots sont les hommes de peine du port, parce qu'ils ne peuvent plus naviguer. En été, la besogne ne manque pas trop à ces vieux pontons, car les bassins sont pleins de navires qu'il faut charger et décharger; mais en hiver, c'est bien différent: la navigation est moins active, et les vieux matelots sont condamnés à battre la semelle et à souffler dans leurs doigts des journées entières, souvent sans pouvoir étrenner. Pourtant, il faut payer le logeur, si l'on ne veut pas coucher à la belle étoile. Le logeur fait crédit aux jeunes marins qui naviguent; mais il s'en garde le plus qu'il peut envers les vieux, qui gagnent leur pain au jour le jour par une besogne de rencontre dans le port. Je dis vieux, en parlant de ces marins, ce n'est pas le mot; car le matelot passe pour âgé quand il est encore dans la force de l'âge. La fatigue de son rude métier le rend caduc quand tout le monde a le droit de se considérer encore jeune.

« Tout ce que je viens de dire était nécessaire à mon histoire, Monsieur, pour vous la bien raconter; mais j'aborde la chose à pleine voile maintenant.

« C'était au mois de janvier de l'année dernière. Un vieux camarade, nommé le père Lublot, faisait faction à la tête des bassins en attendant la pratique. La pratique ne venant pas, il battait la semelle pour se réchauffer un peu. A chaque tour, il donnait de l'œil dans toutes les directions pour découvrir la pratique: un gabier qui cherche l'ennemi du haut de la hune d'un trois-ponts n'est pas plus vigilant que ne l'était ce vieux marin. C'était peine inutile; le travail n'arrivait pas plus vite.

« Gelé et découragé, le père Lublot se décide à gagner la maison de son logeur, pour y prendre sa part du dîner, dont l'heure n'était pas encore sonnée. En voyant son vieux pensionnaire venir plus tôt que les autres, le logeur comprit qu'il n'avait pas d'occupation; et, comme le pauvre père Lublot était arriéré de deux ou trois semaines de pension, le logeur lui fit une scène à cause de ce retard de paiement. Du reste, ce n'était pas la première fois que ce démon réclamait son dû sur ce ton-là au vieux camarade, pour tâcher de le faire payer à force d'humiliation; mais, comme on dit, il est impossible de faire sortir de l'huile d'un mur. Le vieux matelot n'en était que plus vexé, et il prit tellement la chose à cœur cette fois-là, qu'il se mit dans un coin de la chambre, se cacha la tête dans les mains pour que le logeur ne vît pas les larmes de désespoir qui coulaient sur les joues bronzées de ce vieux loup de mer. C'est dans cette triste posture que je l'ai trouvé en venant dîner; car je logeais dans la même auberge. Ce ne fut pas sans peine que je l'ai amené à me dire ce qu'il avait; et mon grand regret était de ne pouvoir payer sur-le-champ sa dette, et dire ensuite au logeur tout ce que j'avais sur le cœur contre lui.

« Sur ces entrefaites, arrive Pierre Leloup, le jeune marin que je viens de saluer. Aussitôt, le logeur sert la soupe et nous invite à nous mettre à table, de sa voix câline et nasillarde. Mais Pierre Leloup lui commande, lui, de servir trois verres de *fil en quatre*: un pour lui, un pour moi, et le troisième pour le père Lublot. Le jeune marin n'avait pas demandé les trois verres qu'ils étaient déjà versés; preuve qu'il payait bien le logeur; puis de sa voix franche et sonore, il nous dit, au père Lublot et à moi, d'aller nous gargariser comme lui le gosier avec ce liquide pour nous mettre en appétit. Je ne me suis pas fait répéter deux fois cette invitation; mais le pauvre vieux père Lublot semblait ne l'avoir pas plus entendue qu'un mort. Pierre Leloup était d'autant plus surpris du silence du vieux camarade, qu'il savait qu'un verre de *fil en quatre* ne lui faisait pas peur. Pour justifier l'immobilité du père Lublot, j'ai soufflé un mot à l'oreille du jeune marin, pour lui apprendre ce qui s'était passé entre le logeur et son pauvre pensionnaire.

« Je vous ai dit, Monsieur, que Pierre Leloup avait l'écorce dure, mais le cœur bon et sensible; il l'a bien prouvé en cette occasion, car il a pris la défense de notre pauvre camarade avec une si grande chaleur, que j'ai cru qu'il allait tordre le cou au gargotier. D'un coup de poing qu'il donna sur le comptoir, il fit trembler toute la cassine, et chanter avant l'heure le coucou d'une vieille pendule qui était accrochée à une cloison contre laquelle le comptoir se trouvait appuyé. Le logeur ne savait où se mettre pour éviter la rafale qui grondait dans sa bicoque. Pierre Leloup avait de l'argent à recevoir chez un arrimeur ; il est allé le toucher après dîner pour payer la somme que le père Lublot devait au logeur, et nous partîmes le soir même pour prendre pension dans une autre auberge, malgré les meilleures paroles que ce misérable logeur employait pour nous retenir chez lui. Il comprenait qu'il avait fait une fameuse boulette en se fâchant avec un marin comme Pierre Leloup, que toute la place du Havre reconnaissait pour le meilleur chasseur de baleine qu'il y eût en France. C'était si vrai, que tous les capitaines des baleiniers du port se le disputaient alors, se l'arrachaient au bureau des classes comme ils le font encore aujourd'hui.

« Vous comprenez, Monsieur, qu'un pareil matelot était une bonne aubaine pour un logeur : car il n'y en a pas un qui gagne tant d'argent que lui dans le port du Havre, ce qui veut dire qu'il en dépense plus qu'aucun autre dans sa pension, sans compter les bons pensionnaires qu'il peut attirer par son influence.

« Voyez-vous, Monsieur, Pierre Leloup est la providence des vieux matelots de notre port. Quand il y est, personne ne souffre la faim parmi les anciens camarades aussi longtemps qu'il lui reste une pièce de cent sous dans sa bourse. Une chose bonne à dire encore, c'est que l'amitié de Pierre Leloup est aussi solide que son poignet ; quand il s'attache à un marin, ce n'est pas pour rire, je vous l'assure. Depuis le jour qu'il a tendu la main au père Lublot, le bon vieux n'a pas senti les griffes de la misère ; et j'ose dire qu'il ne les sentira pas tant que son généreux protecteur pourra harponner une baleine comme un pêcheur à la ligne accroche un goujon dans la Seine.

« Il faudrait être plus qu'injuste, il faudrait être ingrat, pour ne pas aimer un tel marin, et lui refuser un salut cordial quand on le rencontre, n'est-ce pas, Monsieur ? » fit mon canotier en terminant son récit élogieux sur le fameux Pierre Leloup.

Il m'est arrivé de rencontrer ensuite ce jeune marin dans les rues de la ville, et je le saluais toujours du fond du cœur par égard pour sa noble générosité.

CHAPITRE VIII

Anecdotes et vicissitudes.

Il ne se passait pas de jour sans que j'allasse visiter le navire qui devait m'emporter, afin de savoir si le moment du départ était définitivement fixé. On m'avait dit tant de fois : *Nous partirons demain*, que je commençais à croire que demain voulait dire jamais dans le langage des marins. Il est vrai que ces délais sans fin n'ont pas lieu pour les départs des navires faisant partie d'une ligne régulière de paquebots. Le bâtiment sur lequel j'avais pris passage allait à la Nouvelle-Orléans, parce qu'il avait trouvé du fret et bon nombre de passagers d'entre-pont pour cette destination. Son départ était donc subordonné au complément de son chargement. Cependant, il est juste de dire qu'une tempête nous a retenus trois jours de plus dans le port du Havre ; car le navire allait positivement prendre son essor quand ce temps contraire est survenu. Après tout, je ne dois pas me plaindre de ce retard, puisqu'il m'a fourni l'occasion d'observer des choses qui ne sont pas indignes peut-être de former le prélude de mon voyage. Mais les passagers d'entre-pont n'étaient pas de cet avis. Ils avaient hâte de quitter le Havre pour se soustraire à des dépenses qui vidaient leurs maigres bourses sans aucune compensation. Aussi presque tous ces passagers allèrent-ils se réfugier dans le navire dès qu'il fut prêt à les recevoir. Par ce moyen, ils économisaient des frais d'auberge qui, relativement aux autres pays, sont toujours très-élevés au Havre.

Je saisirai cette occasion pour entrer ici dans quelques détails sur le sort des passagers de l'entre-pont d'un navire de long cours.

Pour ceux qui n'ont jamais vu de navire qu'en peinture, je dirai, d'abord, qu'on appelle *entre-pont*, un grand espace formant un étage au-dessus de la cale, et destiné à recevoir des marchandises. Cet entre-pont n'est éclairé que par deux espèces de trappes nommées écoutilles. On comprend qu'un éclairage si insuffisant laisse la plus grande partie de l'entre-pont dans une éternelle et presque complète obscurité. C'est là, néanmoins, que sont entassés pêle-mêle ces millions d'émigrants qui font la prospérité de l'Union Américaine, et la fortune des capitaines et armateurs des magnifiques paquebots naviguant entre le vieux monde et le nouveau.

Sans ce flux d'émigration, que seraient encore aujourd'hui les États-Unis ? En dépit de l'énergie de ses colons primitifs, ce pays ne présenterait guère qu'une immense étendue de forêts vierges où se montreraient çà et là une bourgade et une *log-cobin*. Mais n'anticipons pas sur des faits qui ont leur place marquée plus loin.

Je reviens donc aux passagers de l'entre-pont. Il suffirait d'aller au Havre et de visiter les navires en partance pour les États-Unis, pour trouver la preuve de ce que je vais dire.

Un passage à l'entre-pont pour les États-Unis coûte de soixante-dix à quatre-vingt-dix francs. Pour cette somme, le passager est tenu de coucher avec cinq ou six compagnons de voyage, et de se fournir la literie, s'il ne veut pas dormir sur les planches brutes de sapin avec lesquelles on établit ces couches temporaires, qu'on démolit en arrivant en Amérique pour faire place aux produits que le navire ramène en Europe. Dans cet obscur réduit, on ne tient compte, ni de l'âge, ni du sexe de l'hôte qu'on y entasse : hommes, femmes, enfants, jeunes filles, tout y est confondu sans le moindre scrupule pour la morale et les lois impérieuses de l'hygiène. L'entre-pont est pourvu de deux rangs de couches, superposés, non-seulement contre toutes les parois du navire, mais encore au milieu, dans toute la longueur ; si bien que le malheureux passager ne peut séjourner dans ce local qu'en y occupant la place qui lui est allouée à titre de lit. S'il veut s'éviter le dégoût de coucher en compagnie de cinq ou six personnes inconnues, et souvent d'une propreté fort équivoque, on lui prendra environ cent vingt-cinq francs pour lui donner le privilége de reposer dans un lit moitié moins peuplé que les autres. Toutefois, cette faveur ne peut s'obtenir que si le nombre des passagers n'est pas trop grand. Il n'est pas rare, dans la belle saison, de voir ces navires assurer le passage à plus de passagers qu'ils n'en peuvent contenir, même en les y entassant comme on le fait. En pareil cas, ces malheureux passagers supplémentaires sont obligés de se percher où ils peuvent pour se livrer au sommeil.

Cette classe de passagers offre de si beaux résultats aux paquebots américains, qu'il en est qui ont deux entre-ponts, afin d'exploiter cette *traite* des blancs sur une plus large échelle et, conséquemment, d'une manière plus profitable.

Des gens qui avaient fait la traversée dans un second entre-pont, m'ont raconté les souffrances physiques et morales qu'ils y avaient endurées ; et d'après ces récits, j'ai lieu de croire que jamais un nègre n'a été plus à plaindre en quittant l'Afrique pour aller prendre forcément le joug de l'esclavage dans le Nouveau-Monde, que ne l'est l'Européen qui se plonge volontairement dans un second entre-pont de navire marchand pour aller dans le même pays chercher avec certitude la liberté et le bien-être, sinon la fortune.

Si la cupidité n'était pas le mobile de l'ambition de tous les peuples qui se disent civilisés, les capitaines et les armateurs donneraient, pour le prix que je viens d'indiquer, un passage plus confortable aux passagers de l'entre-pont. D'abord, par respect pour la morale, on séparerait les sexes en établissant des cloisons de planches, dont la dépense serait trop modique pour que les bénéfices de l'armateur en pussent être sérieusement affectés. Mais il est des hommes qui font plus de cas d'une pièce de cinq francs que de toutes les mesures exigées par la morale publique et le bien-être de l'humanité.

Pendant longtemps les passagers d'entre-pont appelèrent en vain l'intervention des gouvernements pour mettre un terme, par de sages lois rigoureusement exécutées, à cette barbare cupidité. La voix de ces infortunés a pourtant fini par être écoutée, car au moment où je trace ces lignes, une commission est chargée de signaler le remède que réclame l'horrible position qu'on fait aux émigrants dans les flancs obscurs des navires qui les transportent sur les plages transatlantiques. Je dois ajouter que le congrès des États-Unis a voté, dans la session de 1854, une loi par laquelle les capitaines et armateurs sont tenus de modifier leur cupide et cruel système de transport envers les passagers d'entre-pont amenés sur la plage de la grande confédération américaine.

Espérons qu'en France on prendra à cet égard des mesures qui seront à la hauteur de la protection que l'humanité veut qu'on accorde à tous les membres de la société.

Je ne dois pas omettre de dire que le passager d'entre-pont se nourrit à ses frais durant la traversée. Le navire ne lui doit que du combustible et de l'eau en quantité rigoureusement indispensable aux besoins de l'existence. La cuisine qu'on met à la disposition des passagers d'entre-pont, sur ces navires américains, ne pouvant jamais être assez vaste pour répondre aux besoins d'un si grand nombre de personnes, il s'ensuit que beaucoup de passagers en sont réduits, pendant une grande partie du voyage, à ne manger que du biscuit dur comme du fer, faute de pouvoir obtenir place au feu pour y faire cuire les denrées dont ils ont fait provision.

En dépit des mesures que peuvent prendre les capitaines pour que chacun puisse approcher à son tour de la cuisine, il n'est matériellement pas possible que six ou huit cents passagers d'entre-pont y puissent préparer leurs repas. On comprend que l'infraction aux mesures concernant la cuisine est d'autant plus facile, que les chefs du bord ne s'occupent guère de savoir si on observe plus ou moins fidèlement ces règlements arbitraires. A la cuisine de ces pauvres passagers, c'est plutôt la force que le droit qui préside. Un passager vigoureux et bien déterminé à placer sa marmite sous l'égide de son bras, est certain de ne pas voir de jour se passer sans jouer le rôle de cuisinier à son profit personnel. Cependant, il est souvent exposé à ne pas sortir triomphant des luttes qu'il soutient pour usurper la place d'un passager moins robuste que lui. Les faibles, à force d'être victimes de leur faiblesse, finissent par se coaliser, et le nombre des bras faibles l'emporte sur la vigueur d'un poignet individuel et usurpateur.

Pour se mettre à l'abri de ces rixes sans trop s'exposer à de pénibles privations pendant une longue traversée, le passager d'entre-pont doit avoir la précaution, autant que le lui permettent ses ressources pécuniaires, de se pourvoir de conserves alimentaires. Mais le conseil que je donne ici ressemble un peu à celui qu'un médecin célèbre donnait à un malheureux malade privé des moindres ressources.—Pour vous rétablir, lui disait le docteur, il vous faut prendre une bonne nourriture, et boire surtout du vin de Bordeaux vieux des meilleurs crûs.

Faute de pouvoir suivre ce confortable régime, le malade mourut; mais le savant docteur n'en avait pas moins rempli son devoir comme le prescrivait l'art de sa noble profession.

Parmi les passagers d'entre-pont, il en est bien quelques-uns qui pourraient se donner une cabine à la chambre; mais la grande majorité possède à peine assez d'argent pour faire les frais d'un si humble passage. Ces malheureux ne connaissent toutes les souffrances physiques que leur réserve une telle traversée, que lorsqu'elle est accomplie; et peut-être n'auraient-ils pas reculé devant cette dure épreuve, si avant de s'embarquer on leur en eût fait le tableau fidèle; car l'espoir bien fondé qu'ils ont presque tous de trouver une meilleure position de l'autre côté de la mer, les déterminerait indubitablement à s'imposer ce sacrifice en faveur d'un avenir prospère.

Comme il est probable que ce livre tombera dans les mains de personnes disposées à braver les rigueurs d'un passage d'entre-pont pour aller dans le Nouveau-Monde chercher la prospérité, sinon la fortune, je me fais un devoir d'entrer ici dans de nouveaux détails de la plus grande importance pour un passager de cette humble catégorie.

Pour se rendre aux États-Unis, un passager d'entrepont ne peut dépenser pour ses vivres moins de cinquante à soixante francs. D'après les informations que j'ai prises à cet égard, je puis donner la quantité de chaque chose dont un passager de cette position doit se pourvoir rigoureusement pour répondre aux plus impérieux besoins de son existence pendant ce voyage. Il lui faut vingt-cinq livres de biscuit, dix livres de pain grillé pour faire de la soupe, cinq livres de riz, un boisseau de pommes de terre, deux jambons, quatre à cinq livres de beurre ou de graisse à l'usage de la cuisine, deux ou trois livres de sucre, du thé ou du café pour deux à trois francs, du sel et du poivre pour quelques sous, une ou deux bouteilles d'eau-de-vie, et quelques litres de vin, si ses moyens le lui permettent. Au moment du départ, il faut prendre six à huit livres de pain frais et une couple de livres de viande de boucherie, prendre du bœuf de préférence à toute autre.

En outre de ces choses alimentaires de première nécessité, le passager d'entre-pont doit encore se pourvoir d'une assiette en fer-blanc, d'une marmite et d'un gobelet en même métal, et ne pas oublier d'y joindre un couvert en fer battu, et un couteau capable de faire le double service de la table et de la cuisine. Il doit encore ajouter à ce petit ménage une dame-jeanne, destinée à recevoir la ration quotidienne d'eau potable qu'on alloue à chaque passager. Il est indispensable aussi de garnir sa couche d'un humble matelas d'herbes marines, d'un traversin semblable et d'une couverture en indienne ouatée avec de la filasse.

Voilà ce que le passager d'entre-pont doit acquérir rigoureusement pour effectuer une traversée de cette longueur. Mais si ses moyens pécuniaires le lui permettent, nous lui conseillons sérieusement de faire bonne provision de conserves alimentaires; de ne pas omettre une dame-jeanne de bon vin de table ordinaire. Les citrons sont aussi d'un grand prix pour les personnes affectées du mal de mer, contre lequel la science médicale ne peut que s'émousser. Pour faire une traversée à l'entre-pont dans les conditions qui précèdent, un passager doit avoir au moins deux cents francs dans sa bourse lorsqu'il arrive au Havre, afin qu'il puisse conserver quarante à cinquante francs pour faire face à ses premiers besoins sur la terre étrangère. Mais il en est qui n'ont même pas assez d'argent pour se donner le strict nécessaire pendant la traversée. Il s'en trouvait plusieurs dans cette triste position à bord de notre navire, et ce dénûment peut avoir quelquefois de graves conséquences, ainsi qu'on le verra plus tard dans le cours de mes remarques sur les incidents de mon voyage.

Je puis, dès à présent, mentionner un fait qui s'est passé à l'entre-pont de notre navire pendant son séjour dans les bassins du Havre, pour prouver l'extrême pauvreté de certains émigrants qui vont chercher un meilleur sort en Amérique.

La première et l'unique chose peut-être dont s'inquiètent les armateurs ou leurs agents, concernant les passagers d'entre-pont, c'est de ne leur accorder passage que contre le paiement intégral du prix convenu. Cette somme une fois versée, c'est l'affaire du passager de trouver moyen de s'assurer des provisions pour ne pas mourir de faim pendant le voyage. Le retard que met le navire à quitter le port, suffit souvent pour absorber une grande partie de l'argent que le malheureux passager d'entre-pont destinait à la traversée, et force lui est de se mettre en route dans cette triste position, pour ne pas s'exposer à tomber de mal en pire en restant dans le port. C'est pour ne pas en venir à cette fâcheuse extrémité que presque tous les passagers d'entre-pont vont se réfugier dans le navire qui les doit emmener, dès qu'il les peut recevoir.

La literie des passagers d'entre-pont de notre navire se composait généralement d'un matelas et d'un traversin en mousse; et, bien que trois ou quatre francs pussent suffire à faire cette acquisition, deux de nos émigrants n'avaient cependant pas les moyens de se donner cet humble confort. L'un et l'autre se virent donc dans la nécessité de garnir leurs couches d'une botte de paille. Mais se trouvant casés dans le rang supérieur des couches, dont les planches laissaient des intervalles de quatre à cinq pouces, on comprend que cette paille, en se pulvérisant, était susceptible d'aller aveugler ceux qui occupaient la couche inférieure. Cet inconvénient suscitait des reproches peu mesurés à ces deux infortunés; mais on ne pouvait attribuer leur désagréable voisinage qu'à leur extrême pauvreté; car l'un et l'autre faisaient bien tout ce qui dépendait d'eux pour intercepter les miettes importunes de cette literie.

Sur le terrain de l'adversité, tous les hommes se confondent. Le malheur est un niveau implacable pour l'humanité.

L'un de ces deux passagers était Parisien et serrurier de son état ; l'autre était un exilé polonais appartenant à une famille distinguée de la patrie asservie par le czar de toutes les Russies.

Le vice opulent se fait craindre ou admirer; la vertu obscure et pauvre reste presque toujours ignorée. Cependant jamais ce noble proscrit n'avait été si digne d'admiration que dans les flancs ténébreux de ce navire. Mais au premier abord, on ne le distinguait pas de ceux qui naissent pour travailler et souffrir depuis le berceau jusqu'à la tombe. Il fallait causer avec lui pour connaître son origine et les priviléges qu'il tenait, non des hommes, mais de la nature même. Il combattait sans se plaindre les rigueurs du destin ; et sa plus grande inquiétude était de voir que sa pauvreté incommodait ses voisins. Ceux-ci, pour comble de malheur, prenaient plaisir à aggraver la position du proscrit, en le persécutant pour lui faire enlever la paille de sa couche. C'était en vain que cet infortuné leur faisait observer qu'il ne lui était pas possible de coucher pendant toute une longue traversée sur des planches nues, et qu'il prenait toutes les précautions en son pouvoir pour prévenir l'incommodité causée par les parcelles de sa paille. Ayant mis au fond de sa couche un vieux manteau, la paille ne trouvait guère d'issues pour s'échapper du grabat. Mais ses voisins étaient des juifs allemands si peu compatissants pour autrui, qu'ils s'étaient fait une cruelle récréation du dénûment du pauvre exilé, prenant son mépris pour une bonhomie qu'on pouvait mettre impunément à la plus rigoureuse épreuve. En effet, ces misérables eurent la barbarie de persécuter ce malheureux passager jusque dans son sommeil, en le piquant avec une aiguille plantée au bout d'un bâton. Ils torturaient ainsi cette innocente victime en passant cet aiguillon à travers l'espace qui existait entre chaque planche du fond de la couche. Lorsque l'aiguille perforait l'exilé, il se réveillait en faisant un bond qui révélait à ses infâmes persécuteurs que le coup avait bien porté.

Étant à mille lieues de soupçonner une telle infamie de la part de ses voisins, ce malheureux attribua d'abord ces piqûres à quelques chardons qui se trouvaient dans sa paille. Il cherchait donc en vain dans sa couche la cause de cette douleur physique, chaque fois que les misérables juifs le gratifiaient d'un nouveau coup d'aiguillon. Ces attaques se renouvelèrent plusieurs fois dans la même nuit avant que l'infortuné proscrit pût savoir d'où elles provenaient. Mais dès qu'il en connut la source, il ne put s'empêcher de s'en venger en infligeant à ses persécuteurs le châtiment qu'ils méritaient. C'est-à-dire qu'il se jeta hors de sa couche avec la rapidité de la foudre, et fit une si vigoureuse distribution de coups de poings aux coupables, que les misérables crurent toucher à leur dernière heure. Ils crièrent à l'assassin d'une voix si lamentable que tous les autres passagers se réveillèrent avec l'effrayante conviction qu'une troupe de bandits s'étaient introduits dans l'entre-pont pour piller et égorger tout le monde. Cette fausse alarme ne pouvait manquer de causer quelques méprises regrettables au sein de l'obscurité qui régnait dans cet immense local. Plus d'un coup de poing a été échangé entre des passagers qui croyaient agir en légitime défense contre un scélérat. Mais après un moment de confusion et de luttes plus ou moins sérieuses, l'exilé parvint à faire connaître la cause de ce désordre et à s'excuser de n'avoir pu résister à franchir la distance qui le séparait moralement de ses persécuteurs pour les aller châtier d'une manière si contraire aux habitudes d'un homme bien élevé.

Cette explication fut accueillie avec la plus vive sympathie de la part de tous les passagers qui, à partir de ce moment, eurent le plus grand mépris pour ceux qui s'étaient fait un plaisir de persécuter cette victime de l'oppression politique.

Il n'y a que le peuple qui sache comprendre et apprécier toute l'amertume de l'adversité, et qui sache aussi, autant que possible, l'adoucir avec tous les égards que mérite l'homme de bien dans le malheur. Le lendemain de la scène nocturne dont il vient d'être parlé, les plus aisés passagers de l'entre-pont ont réuni une somme suffisante pour remplacer la paille importune du proscrit par une literie égalant la plus confortable de cet humble séjour. Pour ajouter encore plus de prix à cet acte d'humanité fraternelle, les bienfaiteurs du pauvre exilé ont saisi le moment où il était absent du navire pour lui faire ce cadeau. Il est inutile de dire que cet infortuné s'est montré digne d'une faveur si honorable pour son caractère.

Le serrurier parisien n'eut pas de lutte violente à

soutenir, lui, pour désarmer les voisins que sa paille incommodait. Il est vrai que ces voisins étaient Français, et bien disposés à écouter la voix d'un compatriote malheureux, surtout celle d'un Parisien spirituel et facétieux.

—Mon Dieu, Messieurs, dit un jour notre Parisien aux passagers qui se plaignaient d'être aveuglés par les débris de sa paille, je n'ai que ma pauvreté à opposer aux justes plaintes que vous m'adressez. Un homme qui, comme moi, est né dans la capitale du monde civilisé et élevé parmi les plus illustres faubouriens de cette ville merveilleuse, a trop de savoir-vivre, croyez-le bien, pour importuner, sans y être forcé, ses voisins d'une si désagréable manière. Si vous avez le pouvoir miraculeux de me métamorphoser en millionnaire, faites-le de suite, et je vous promets de jeter ma paille au vent aussitôt, et d'aller m'installer sans délai à la chambre comme le plus fastueux financier des cinq parties du monde.

C'est à l'aide d'un tel langage que le Parisien parvint non-seulement à désarmer ses voisins, mais encore à provoquer leur sympathie jusqu'à en obtenir un modeste matelas en mousse, et un couvre-pieds ouaté avec de la filasse.

A partir de ce moment-là, tous les hôtes de l'entrepont reposèrent donc sur une literie plus ou moins confortable jusqu'à la fin de la traversée.

Voici un incident d'une autre nature ; et je puis affirmer la véracité de tous ces faits ; car je les tiens de gens qui en ont été les acteurs ou les témoins oculaires :

Parmi les nombreux passagers qui se réfugièrent dans l'entre-pont de notre navire, se trouvait un jeune couple ayant l'air un peu dépaysé dans cet obscur réduit. La mise de la femme annonçait une position moins précaire que celle de la généralité de cette classe d'émigrants, et l'homme avait aussi un costume et des allures fort rares chez les gens qui vivent du fruit d'une occupation manuelle. Pour ne pas se confondre complétement avec cette masse de passagers, ce couple intéressant avait pris une cabine particulière, qu'on obtient moyennant une addition au prix du passage ordinaire.

Comme ces deux inconnus vivaient dans la plus étroite intimité, et qu'ils ne prenaient aucune part à la vie commune des hôtes de cet humble séjour, on cherchait à pénétrer le motif qui les avait pu forcer à s'imposer un passage si peu en harmonie avec leurs mœurs et leur position sociale ; mais c'était en vain qu'on tentait de déchirer le voile mystérieux qui semblait cacher une vérité incompatible avec le bonheur qu'ils trouvaient dans une affection réciproque.

Il y avait déjà plusieurs jours que les plus perspicaces passagers de l'entre-pont se perdaient dans le labyrinthe des conjectures, lorsqu'ils virent pénétrer dans leur demeure un brigadier de gendarmerie, accompagné d'un subordonné portant à la main une lanterne allumée.

La gendarmerie ayant toujours le privilége de causer une vive sensation lorsqu'elle se présente quelque part pour s'y acquitter des devoirs de ses multiples fonctions, on comprend l'effet que cette visite inattendue produisit sur tous ces émigrants. Cherchait-on parmi eux un voleur, un déserteur ou un ravisseur? Voilà les questions qu'on se faisait tout bas en interrogeant sa conscience et son passe-port pour s'assurer si l'un et l'autre n'avaient rien à redouter de la rigueur des lois.

Cependant, le brigadier ayant pris la lanterne des mains de son subordonné, passait tous les passagers en revue en leur faisant darder la lumière sur la face, de manière à bien considérer les traits physiques de chacun d'eux. Dans la cabine de notre jeune couple, il ne se trouvait alors que la dame, qui se tenait assise sur une malle et paraissait fort inquiète du motif de cette visite minutieuse de la part de la force armée. Elle espérait peut-être pouvoir échapper à l'œil de l'autorité en se tenant dans sa sombre et isolée retraite; mais il faut ignorer complétement les précieuses qualités qui distinguent la gendarmerie pour se nourrir d'une telle illusion en pareille circonstance.

— Votre tour viendra, Madame, soyez-en sûre.

En effet, le brigadier arrive à la cabine, et y pénètre avec toute la gravité qu'exige sa mystérieuse mission. La jeune dame détourne la tête comme pour éviter à ses beaux yeux l'éblouissement des rayons lumineux de l'autorité; mais cette ruse ne fait qu'exciter les soupçons des gendarmes qui, par état, doivent tout soupçonner dans l'intérêt de l'ordre public.

— Il paraît, dit le brigadier, que l'uniforme militaire n'a rien de flatteur pour vous, Madame, puisque vous détournez les yeux pour lui refuser un regard?

— C'est votre lumière que j'évite, car l'apparition subite de la lumière dans l'obscurité fait une pénible impression sur la vue, répond la belle passagère d'une voix douce et craintive.

— J'en suis fâché, Madame, mais il est indispensable que vous nous favorisiez d'un regard, réplique le brigadier.

— Dans quel but voulez-vous donc m'inspecter si minutieusement? demanda la belle inconnue d'une voix qui trahissait le trouble que lui causait la présence de son interlocuteur.

Tout en faisant cette réponse, elle avait néanmoins offert au brigadier la chance d'examiner son joli visage, et, dès lors, les soupçons perspicaces du gendarme se changèrent en certitude.

— Diable ! dit-il, Madame, vous ressemblez admirablement à une personne de votre sexe que depuis trois jours nous cherchons en vain dans tous les coins du Havre. Vos papiers, s'il vous plaît, pour que je m'assure que la personne en question et vous ne font qu'une.

— C'est mon mari qui les a, mes papiers ; et il n'est pas ici pour le moment, répond la belle passagère d'un ton si chancelant que le subordonné ne peut s'empêcher de murmurer :

— Son mari ; fiez-vous donc au langage des femmes !

— Silence, Dronsard ! s'écrie le brigadier qui avait entendu ce murmure inconvenant sortir de la bouche de son subordonné.

Puis, s'adressant à l'inconnue :

— C'est dommage, Madame, que votre mari soit absent ; car il m'éviterait peut-être le pénible devoir de vous conduire chez le commissaire de police pour m'assurer de votre identité. C'est donc à regret, Madame, que je vous invite à nous suivre chez ce magistrat, pour me conformer aux exigences de ma délicate mission.

Cette sommation, quoique faite avec une courtoisie chevaleresque, était à peine prononcée par le brigadier, que la belle inconnue fondit en larmes en suppliant de la laisser aller seule chez le commissaire. Cette faveur lui ayant été péremptoirement refusée par son interlocuteur, elle demanda, du moins, à faire ce trajet en voiture et à ses frais, en compagnie des deux délégués du commissaire de police.

Ne voyant rien dans cette demande d'incompatible avec la rigidité de ses devoirs, le brigadier l'accorda sans hésiter; et aussitôt il ordonna à son subordonné d'aller chercher le véhicule dans lequel notre inconnue voulait se dissimuler à l'impitoyable curiosité publique.

Mais Dronsard, étant un soldat de la vieille trempe, trouvait que son chef avait fait une concession dégradante en cédant au désir d'une personne passible des rigueurs des lois. Ce vieux militaire, en s'éloignant pour obéir à son supérieur, ne put s'empêcher de dire quelques paroles réprobatives contre la mystérieuse passagère.

— Sacrebleu! dit-il, rien n'est plus dangereux que ces femmes à la voix douce et au minois séduisant pour le gendarme dans l'exercice de ses fonctions. Si mon brigadier ne se bouche pas les oreilles et ne ferme pas les yeux, cette donzelle est capable, à force de belles phrases et de larmes, de nous glisser des mains comme une anguille de Melun.

Dronsard, l'inflexible subordonné, s'alarmait en vain en prêtant une trop forte dose de sensibilité à son brigadier en faveur du beau sexe. Car, non-seulement la belle inconnue fut conduite chez le commissaire, mais elle fut ensuite dirigée sur la capitale pour y être mise à la disposition de l'autorité supérieure qui avait ordonné son arrestation. Le mari de cette jolie passagère échappa aux recherches de la police du Havre en s'éloignant de cette ville dès qu'il fut informé que sa charmante compagne avait été découverte dans les flancs ténébreux du navire qui les devait, un jour plus tard, mettre à l'abri de cette cruelle séparation.

Maintenant, voici le motif de cette arrestation. Cette jeune et belle passagère n'était rien moins qu'une nouvelle Hélène se laissant enlever par un nouveaux Pâris. Le Ménélas étant allé sans délai réclamer l'appui de la police parisienne pour rattraper la fugitive, l'autorité compétente mit d'autant plus de zèle à répondre à la vengeance de cet infortuné mari, qu'il était officier supérieur de la garde nationale.

Le ravisseur, disait-on, était un peintre de talent qui avait fait la conquête de notre inconnue en reproduisant son charmant visage sur la toile.

On dit que l'amour est aveugle, mais il faut croire qu'il joint à cette infirmité le malheur de raisonner souvent comme il voit; car autrement ces deux fugitifs se seraient bien gardés de choisir le Havre pour se diriger vers l'Amérique, à moins d'être certains d'y trouver en arrivant un navire prenant la mer. Il était plus sûr d'aller en Angleterre, et de s'y embarquer ensuite pour les États-Unis. Notre artiste aura peut-être, après cette séparation forcée, adopté cet itinéraire pour éviter d'être capturé comme sa charmante compagne.

CHAPITRE IX

Le départ du Havre.

Après avoir soufflé de l'ouest pendant trois jours avec furie, et avoir retardé notre départ de ces trois terribles journées, le vent passa soudainement à l'est en se transformant en brise indolente. Sans perdre une minute, le capitaine de notre navire profita de la première marée pour se mettre en route.

Le jour paraissait à peine que déjà les passagers de la chambre étaient invités à se rendre à bord sans délai. Cette précaution était inutile à l'égard des passagers de l'entre-pont, puisqu'ils s'étaient tous installés dans leur commun local dès que le navire avait pu les recevoir.

Un grand nombre de bâtiments ayant été retenus par cette tempête, il y avait un mouvement inaccoutumé dans les bassins du Havre. L'air retentissait des chants joyeux des matelots et du bruit métallique des cabestans. Le flux chassait impérieusement la mer dans le bassin de la jetée, comme pour inviter les navires en partance à prendre leur essor sur la plaine liquide.

Peu à peu notre bâtiment se dégage de ceux qui stationnent à ses côtés, et quitte le port à l'aide d'un chapelet de vieux matelots qui lui donnent l'impulsion. Comme la sortie des bassins s'effectue lentement, les passagers de l'entre-pont en profitent pour se munir de pain frais et de viande fraîche.

C'est un moment solennel que celui où l'on se met en route pour franchir l'océan. Chacun sait qu'en parcourant l'empire de Neptune on n'est séparé de l'abîme que par six pouces de planche.

Je regarde tous mes compagnons de voyage attentivement pour voir l'impression que leur physionomie révèle. Les uns semblent gais, les autres plus ou moins sérieux; mais personne n'est visiblement triste.

Il fut un temps où l'on ne se rendait pas de Paris à Marseille sans faire son testament. Aujourd'hui, on prend le chemin des antipodes comme celui de Paris à Londres.

Pendant que je m'abandonnais à ces réflexions, je vis deux gendarmes venir à bord pour nous faire une conduite officielle jusqu'en rade. Il n'est pas de fête, chez nous, sans qu'elle soit honorée de la présence de l'autorité sous une forme quelconque. En voyant toutes les minutieuses précautions que prend le pouvoir envers ceux qui arrivent en France ou s'en éloignent, on aurait le droit de supposer que nous sommes un peuple dont la grande majorité se compose de scélérats, puisque personne n'est exempt des formalités vexatoires de la police.

La cérémonie que la gendarmerie est chargée d'accomplir à bord de chaque bâtiment qui s'éloigne d'un port français pour un pays étranger, est trop intéressante pour que je passe sous silence celle dont j'ai été témoin oculaire.

Arrivé en rade, le navire fut mis en panne. Le brigadier ordonna à tous les passagers de l'entre-pont de sortir de leur sombre demeure. Dès que les cinq ou six cents émigrants furent sur le pont, le brigadier et son subordonné s'introduisirent, munis d'une lanterne, dans l'intérieur du navire, qu'ils visitèrent soigneusement jusque dans la cale, pour s'assurer si personne ne s'y était réfugié dans le but de se soustraire à la rigidité des lois concernant le passe-port.

Cette minutieuse visite terminée, les bons gendarmes reparurent sur le pont, jetèrent un regard attentif dans la mâture du navire pour s'assurer s'il ne s'y trouvait pas quelque bipède de perché. N'ayant rien découvert dans cette partie aérienne du bâtiment, ils se placèrent près de la grande écoutille pour faire l'appel nominal de tous les passagers de l'entre-pont, et les faire rentrer dans leur sombre local à mesure qu'ils étaient appelés par l'organe sonore de l'autorité française. Il faut que le dernier passe-port absorbe le dernier passager pour qu'il ne surgisse aucune difficulté de cette cérémonie. Si les passe-ports sont plus tôt épuisés que le nombre de passagers, tout ce qui reste de ces derniers est ramené au Havre pour y expliquer la cause de cet excédant à la police, et retenu pour subir les conséquences légales de cette contravention. Heureusement notre navire n'offrit pas d'erreur de cette nature.

Lorsque le dernier passager et le dernier passe-port

disparurent dans les flancs du trois-mâts, on entendit une voix sarcastique crier : « Embrassons-nous, mes bons gendarmes, et que tout soit fini. » Cette allusion à une pièce où la gendarmerie joue un assez triste rôle, déplut visiblement au brigadier ; après avoir plongé son œil dans l'entre-pont pour y découvrir le mauvais plaisant qui osait narguer ainsi l'autorité, il regarda son subordonné, comme pour lui dire : Faut-il l'empoigner ou faut-il dédaigner ce sarcasme si bien dirigé à notre adresse ? Le subordonné ayant eu le bon esprit de sourire à cette muette interrogation, le supérieur n'osa pas se fâcher, et cet incident n'eut d'autre conséquence pour le facétieux serrurier parisien qui l'avait provoqué, dans le but de se venger sans doute des vexations que lui causait sa feuille de route au moment même où elle lui devenait complétement inutile ; si inutile, en effet, qu'il l'offrait avec un rabais considérable à tous ses compagnons de voyage. C'est ainsi que le peuple parisien critique les mauvaises institutions de la France, en attendant le jour où il les renverse par une révolution sanglante que les gouvernements ne savent jamais prévenir en restant sourds à la voix qui leur demande des réformes politiques compatibles avec la marche du progrès qui s'effectue dans tous les rangs de la société.

Pour les passagers de la chambre, les choses se passent autrement en pareille occasion. Leurs passe-ports sont remis en masse au capitaine, qui est chargé de les donner à qui de droit lorsqu'il le juge à propos.

L'immortel Molière avait bien raison de dire : « Il est avec le ciel des accommodements. » Cela est aussi vrai qu'il est vrai malheureusement que la besace est faite pour le pauvre, en dépit des droits que le travail lui donne à l'aisance, sinon à la fortune.

Après avoir terminé leur mission aussi strictement que l'exigeait la sécurité de la France, nos deux gendarmes descendirent dans un canot qui les reconduisit au Havre à force de rames. Je dois dire, pour me conformer à la vérité, que le brigadier n'a pas quitté le bord sans souhaiter un bon voyage au capitaine. Cette marque de bienveillance s'adressait également à tous les passagers, puisqu'ils ne pouvaient manquer de profiter du bon voyage du chef du bord. Pour mon compte, j'ai été très-sensible à cet adieu officiel que la France nous adressait par la bouche de la force armée, et je regardais presque avec regret s'éloigner les deux gendarmes qui nous avaient escortés jusque-là.

Cependant, le pilote ordonnait les manœuvres pour que notre navire put profiter de la brise qui le favorisait.

Je me tenais appuyé sur la rampe qui couronnait la poupe du bâtiment pour mieux contempler ma patrie qui semblait fuir devant mes regards.

La rade était couverte d'une multitude de navires que les vents contraires avaient retenus plusieurs jours dans le port du Havre. Toutes ces blanches voiles s'éloignaient dans toutes les directions en décrivant de gracieuses ondulations, comme l'eût pu faire une flotte de cygnes. Le Havre se dissimulait peu à peu à nos yeux dans le charmant profil de la colline d'Ingouville; et bientôt, je ne vis plus que le promontoire de la Hève se dresser devant moi, et sur lequel se trouvent deux phares élégants dont les feux vont chaque nuit à cinq ou six lieues en mer accompagner le navigateur qui s'éloigne, ou chercher celui qui vient dans le port du Havre.

Ce promontoire finit à son tour par ne plus avoir à

mes regards que l'aspect d'une masse informe se confondant de plus en plus avec les nuages de l'horizon. Puis, tout disparut enfin sous la coupole du ciel qui se mirait majestueusement dans les eaux limpides de la Manche.

Je restai longtemps encore dans la même attitude, admirant le nouveau spectacle qui s'offrait à moi; et dans mon recueillement solitaire, quoique je fusse au milieu d'un si grand nombre de compagnons de voyage, je faisais à ma patrie, du fond de mon cœur, un adieu d'autant plus affectueux qu'il pouvait être éternel. Je lui souhaitais tout le bonheur qu'un enfant peut souhaiter à sa mère chérie. Je lui souhaitais surtout le règne de la liberté ; car sans liberté il n'y a pas de grandeur ni de bonheur possibles pour une nation civilisée et intelligente.

CHAPITRE X

Le premier jour de mer.

Selon toutes les apparences, la traversée promettait d'avoir un heureux début. Le vent soufflait de l'est, et notre navire sillonnait la mer sous toutes ses voiles, à raison de huit ou neuf nœuds à l'heure. Avec une telle marche, nous pouvions donc espérer sortir de la Manche en quarante-huit heures; et c'est un grand avantage de n'être pas surpris par des vents contraires dans ce corridor de l'océan, bordé de côtes si dangereuses. Ces apparences n'étaient rien moins que trompeuses. A l'approche de la nuit, le vent passa brusquement à l'ouest, et s'y fixa si bien, et souffla avec tant de violence, qu'il nous força de louvoyer durant treize jours des côtes de France à celles de l'Angleterre.

Ces vents contraires avaient à peine commencé à soulever les flots, que notre navire se transformait en hôpital flottant. A la chambre comme à l'entre-pont on n'entendait que des gémissements causés par le mal de mer. C'est une indisposition qui prête à rire à ceux qui n'en sont pas atteints ; mais rien n'est moins charitable, selon moi, que de traiter si légèrement un mal sous lequel s'affaissent les personnes les plus courageuses. Le guerrier qui brave le plus témérairement les balles du champ de bataille, n'a pas le courage de tuer une puce lorsque Neptune lui fait payer le tribut de son empire. J'ai connu un capitaine américain, ayant navigué plus de quarante ans sans pouvoir se soustraire complétement à l'influence des vagues de la mer. Il est aussi des personnes constituées de manière à pouvoir braver impunément, sous le rapport de la santé, les chocs des plus violentes tempêtes ; je puis garantir la véracité de cette assertion, puisque je suis du nombre de ceux qui sont invulnérables aux fureurs de ce terrible et précieux élément. Grâce à cette faveur de la nature, j'ai pu être utile à quelques-uns de mes compagnons de voyage, et voir de près le triste tableau qu'offrait l'entre-pont les premiers jours de la traversée.

A la chambre, on faisait usage de citrons, d'oranges, de sels résurrecteurs pour pallier les souffrances des malades. Mais à l'entre-pont, on enviait le sort de ceux qui pouvaient se donner un verre d'eau acidulée de quelques gouttes de vinaigre ou seulement corrigée avec un soi-disant cognac, pour apaiser les désordres de l'estomac. Je me souviens avoir entendu dire à une pauvre femme, qu'elle préférerait mourir mille fois en Amérique que de franchir de nouveau l'Océan, même si cela lui était ordonné pour prolonger son existence pendant de longues années. Une autre, qui n'avait peut-être pas dix francs à sa disposition, offrait, dans le délire de la souffrance, dix mille francs au capitaine pour la débarquer au port le plus proche. En pareilles circonstances, l'entre-pont de ces vastes et magnifiques navires américains offre un tableau qui ne peut se décrire ; il faut le voir pour s'en pouvoir faire une juste idée.

Mais ce ne sont pas seulement les passagers en proie au mal de mer qui sont à plaindre dans ces moments de périlleuse navigation. Les matelots méritent bien aussi notre sympathie en remplissant une tâche qui met leur courage et leur agilité à la plus dure épreuve. En effet, jour et nuit ces hommes de bronze luttaient contre la violence des éléments pour préserver le navire des dangers qu'il courait. On a peine à comprendre qu'une demeure d'une si grande fragilité relative, puisse résister si longtemps aux chocs terribles et incessants des flots. C'est alors que le marin se révèle dans toute sa vigoureuse majesté. Lui, si indocile, si turbulent lorsqu'il est à terre, n'est plus sur mer qu'un agneau doué de la force, du courage et de l'intrépidité d'un lion. Le matelot est peut-être l'homme qu'on traite le plus rudement dans l'accomplissement de ses pénibles devoirs. Ce procédé est une injustice gratuite; car je pense que le marin n'en serait que plus héroïque, si on avait pour lui les égards que l'homme doit à l'homme dans toutes les conditions sociales.

Du reste, il est probable que les mœurs tapageuses et dissipées qui président généralement à la conduite du marin, lorsqu'il est à terre, sont la conséquence de l'injuste rigidité dont on l'abreuve quand il est dans l'exercice de son pénible métier.

Pendant cette longue et violente tempête, j'admirais

autant que je plaignais le brave équipage de notre navire. C'était au sein des plus profondes ténèbres, au moment où les vents sifflaient dans les cordages comme des milliers de serpents, que ces valeureux matelots faisaient entendre leurs chants favoris, pour mieux oublier les dangers qui les menaçaient, et donner, en même temps, plus d'ensemble aux efforts collectifs qu'ils faisaient pour vaincre la rage des éléments destructeurs. Ce n'est pas au théâtre, cher lecteur, qu'il faut aller pour connaître et apprécier le mérite ou les défauts du simple matelot ; mais bien sur la mer, et rester avec lui pendant une longue et orageuse traversée.

CHAPITRE XI.

Esquisses biographiques.

Dans un ouvrage de cette nature, il n'est pas possible d'en tracer le plan d'avance, puisqu'il doit se composer de choses imprévues que l'auteur rencontre à chaque pas sur sa route. Je me suis simplement promis, avant de partir, d'observer attentivement tout ce qui me semblerait digne d'être consigné ici, dans le but d'instruire et d'amuser les personnes qui me liront. J'éviterai, avec soin, de m'arrêter à des détails sans intérêt pour ne rien omettre d'important.

Ce n'est pas seulement en décrivant les plus beaux sites d'un pays immense comme l'Amérique qu'on le fait bien connaître ; il faut surtout, pour atteindre cet utile résultat, en examiner toutes les ressources, et les révéler sans exagération pour faire évanouir tant de folles illusions que se font la plupart des gens qui vont chercher fortune à l'étranger.

Quand il s'agit de l'Amérique, j'ai été à même de reconnaître bien des fois que les ressources et les mœurs de ce vaste pays sont fort mal appréciées par les étrangers. Les uns s'imaginent qu'il suffit de mettre le pied sur le sol du Nouveau-Monde pour y trouver des montagnes d'or et des demi-dieux pour habitants ; et les autres poussent, au contraire, le pessimisme à cet égard, jusqu'à traiter de mensonge le moindre éloge qu'on accorde à l'Amérique et aux Américains ; pour ces derniers, les Américains ne sont et ne peuvent être que des flibustiers habitant des régions sauvages. Mais on comprend que les personnes qui bravent les dangers de la mer pour aller chercher fortune dans ces lointaines contrées, ont une grande prédisposition à exagérer les ressources qu'elles offrent. Conséquemment, il n'y avait peut-être pas un seul passager de notre navire qui ne se berçât de la douce espérance de pouvoir un jour prendre rang parmi les millionnaires de l'ancien ou du nouvel hémisphère.

Si je me suis déterminé à faire l'histoire de la traversée et à donner ces esquisses biographiques au lecteur, ce n'est donc pas pour me procurer le plaisir malveillant de mettre en relief les défauts d'un certain nombre de mes compagnons de voyage, mais seulement pour offrir quelques pages où pourront trouver un utile enseignement ceux qui voudront aller ensuite demander le bonheur et la prospérité de l'autre côté de l'Atlantique.

Je place en tête de cette liste d'esquisse, les passagers de la chambre, pour ne pas les faire déroger au rang qu'ils occupent à bord. Je vais également, pour rester fidèle aux égards qu'on doit au sexe qui rend seul cette vie supportable, commencer ce travail délicat par le portrait d'une charmante jeune fille. Mais je dois dire, d'abord, que les convenances m'imposent de ne désigner mes personnages que par des noms supposés. Je ne m'écarterai de cette règle que quand je le pourrai faire sans blesser personne.

MADEMOISELLE ÉLISA.

Qu'est-ce que mademoiselle Élisa? dira peut-être le lecteur. Je répondrai que c'est une jeune, gentille et aimable modiste parisienne, allant à la Nouvelle-Orléans pour y exercer sa magique profession au profit des belles Louisianaises. Cette charmante passagère comptait à peine vingt printemps, et à ce précieux avantage elle joignait encore celui de posséder un minois chiffonné si mignon, si riant, si espiègle, si attrayant enfin, qu'il aurait pu fasciner à première vue le plus stoïque puritain.

La toilette de mademoiselle Élisa était en rapport avec son charmant physique et sa profession. Sa mise était simple, mais portée avec cette grâce qui décèle les mains habiles du génie de la mode parisienne. On reconnaissait facilement que cette jeune fille avait le talent de transformer les plus modestes tissus en petits chefs-d'œuvre à l'usage de son sexe.

Malgré les soins qu'elle prenait pour paraître avec tous les avantages qu'elle tenait de la nature et de son talent professionnel, cette jeune passagère laissait souvent voiler son visage par les nuages d'un chagrin mélancolique. Plus d'une fois je l'ai vue lire des lettres à la dérobée sur le pont du navire. Ces lectures n'avaient lieu que quand mademoiselle Élisa s'abandonnait plus que d'habitude à la tristesse que je viens de mentionner ; et loin de retrouver son joyeux sourire dans ces missives, la jeune fille devenait plus pensive que jamais.

Il n'était pas besoin d'avoir une grande dose de perspicacité pour pénétrer la cause du chagrin de cette belle enfant ; mais je voulais m'en convaincre, afin d'en pouvoir parler avec plus de certitude. Pour y parvenir, je poussai un jour l'indiscrétion jusqu'à dire à notre intéressante modiste, qu'elle cédait trop aux regrets qu'elle emportait dans le Nouveau-Monde.

— Comment, me dit-elle, n'aurait-on pas de regrets en s'éloignant de sa famille et de sa patrie ?

— Et de ses amis, ajoutai-je.

Cette observation fit venir un doux sourire sur les lèvres de mon interlocutrice.

— Et vous, Monsieur, me dit-elle, ne laissez-vous rien derrière vous ?

— Je laisse aussi une famille et une patrie que j'affectionne ; mais les amis que j'ai en France résident dans mon cœur sans troubler mon esprit ni ma raison philosophique.

— Vous êtes bien heureux d'avoir autant de force sur vous-même, dit-elle en poussant un gros soupir.

— Quand on a des amis auxquels on porte une affection de la nature de la vôtre, on doit les emmener avec soi, ou rester près d'eux, lui dis-je.

— Maudit argent, s'écria-t-elle, si parfois tu nous procures des jouissances, que de maux ne nous causes-tu pas aussi !

— Je vois, Mademoiselle, que c'est l'appât du gain qui vous arrache à la France.

— Sans cela, croyez bien, Monsieur, que je ne me serais jamais décidée à m'aller ensevelir à la fleur de l'âge dans les forêts de l'Amérique ? Il n'y a qu'un Paris dans le monde, et je demande à Dieu d'y revenir avec une aisance que je vais chercher avec tant de regrets.

— Il est vrai qu'il n'y a qu'un Paris dans le monde; mais, si j'en crois ceux qui ont habité la Nouvelle-Orléans, cette ville, sous le rapport des mœurs, est le Paris des États-Unis. Il est présumable que vous n'y mènerez pas une existence aussi monotone que vous paraissez le redouter, Mademoiselle, lui dis-je pour adoucir un peu l'amertume des regrets qui troublaient son bonheur.

MADEMOISELLE VALENTINA.

Cette passagère pouvait lutter avec la précédente, sous le rapport des charmes personnels. C'était une brune aux traits fins et corrects, à la taille souple et élégante, à la démarche vive et gracieuse. Cette belle voyageuse se donnait pour Mexicaine ; elle retournait dans sa patrie en compagnie d'un monsieur qu'elle appelait son oncle ; mais la chronique disait tout bas que ce titre en cachait un autre moins honorable aux yeux de la vérité. On trouvait cet oncle trop attentif, trop affectueux, et surtout trop jaloux des moindres égards que les autres hommes avaient pour sa charmante nièce, et ce fut cet excès d'affection et de jalousie qui inspira les soupçons malveillants que je viens de signaler. Mais je me réserve de dire plus tard comment la chronique est parvenue à changer ses soupçons en quasi-certitude, touchant l'intimité illégitime qui existait entre mademoiselle Valentina et le monsieur qu'elle nommait son oncle.

LA BELLE CRÉOLE.

Je mentionnerai aussi en passant une jeune créole de la Louisiane, revenant de visiter la France avec son père et sa mère.

Cette jeune fille était le type séduisant des femmes de ces chaudes régions. Elle avait le teint blanc et un peu mat, les traits réguliers, les yeux bleus fendus en amande, les sourcils noirs et bien arqués, les cheveux de même couleur et soyeux, mais si longs et si fournis, qu'ils étaient dignes de faire la gloire ou le désespoir d'un chasseur de chevelures des déserts de l'ouest de l'Union américaine. Ses mouvements étaient lents, mais gracieux. Il me semblait quelquefois que sa beauté aurait gagné, si notre frétillante modiste lui avait donné un peu de sa vivacité parisienne ; mais je reconnaissais bientôt que l'agilité physique était une qualité négative pour un type de beauté créole. Pour ne pas nuire à l'ensemble de ses charmes, une belle créole ne doit pas daigner ramasser son mouchoir ; elle doit se borner à appeler d'une voix douce et langoureuse une esclave pour reprendre la fine batiste qu'elle a laissé glisser de sa main blanche et potelée.

Comme je suis sur la route de la Louisiane, je m'abstiens d'en dire davantage sur les femmes de ce pays ; car je ne puis manquer d'avoir l'occasion de revenir sur ce sujet intéressant.

MADEMOISELLE CÉLINA.

Nous n'avions à la chambre qu'un petit nombre de passagères, mais il est difficile de rencontrer plus de charmes et de beauté dans un si petit groupe de femmes. On aurait dit que le hasard avait pris plaisir à réunir sur notre navire les plus beaux types féminins de la race caucasienne. Je pourrais ajouter, sans exagération, que nous avions parmi nous, dans la personne de ces jeunes filles, autant de chefs-d'œuvre de la nature.

Mademoiselle Célina surpassait peut-être encore, sous le rapport de la beauté, celles que j'ai esquissées avant elle. Mais sous le rapport intellectuel, elle me paraissait posséder sur ses compagnes de voyage une supériorité incontestable. Sa conversation indiquait, sans la moindre affectation, la source d'une éducation solide, dont l'esprit et le cœur avaient su profiter dignement.

Cette jeune fille était Canadienne, issue de la race française qui a donné les premiers colons à cette froide et lointaine contrée. Elle n'offrait pas dans ses manières et sa démarche l'indolence de la belle créole, ni la frétillante vivacité de la jolie modiste parisienne. Elle tenait le milieu de ces deux caractères ; elle était gracieuse sans nonchalance, et vive sans espièglerie. Ces trois jeunes filles, bien que sorties de la même race, offraient, comme on voit, les trois types de beauté et de caractère qui sont inhérents aux divers climats où elles avaient reçu le jour et été élevées.

Mademoiselle Célina voyageait en compagnie de son père, vénérable vieillard qui était fier à juste titre de sa postérité.

—Nous revenons de visiter une grande partie de l'Europe, moi et ma fille, me disait-il un jour ; mais la France était l'unique objet de cette longue excursion. Comme vous le savez, le Bas-Canada est resté presque complétement français par le cœur et les mœurs, malgré la domination anglaise. Si la France savait aussi bien coloniser qu'elle sait conquérir, ce ne serait pas la langue anglaise, mais bien la langue française qu'on parlerait aujourd'hui dans la moitié du Nouveau-Monde. Après avoir vu et admiré la patrie de mes ancêtres, j'ai voulu voir et montrer à ma fille cette grande et puissante République qui marche à pas de géant dans le chemin du progrès matériel et intellectuel. C'est pour cela que nous avons pris passage pour la Nouvelle-Orléans. Nous nous rendrons au Canada en remontant ce fameux Mississipi qui sillonne les vastes régions du sud et de l'ouest de l'Union américaine. Après ce voyage terminé, j'attendrai avec calme et confiance en Dieu l'heure où je dois m'endormir pour jamais sur le sol de ma patrie coloniale.

M. ALFRED.

Ce passager est un jeune homme possédant les manières et les allures d'un lion de la capitale, où il résidait, m'a-t-il dit, avant de se mettre en route pour l'Amérique. Les critiques de l'entre-pont ne se gênaient guère de manifester hautement leurs opinions sur les célébrités de la chambre. Comme M. Alfred était du nombre, nos critiques disaient que son cuir blanc et poli exhalait un parfum truffé, révélant à cent pas un convive du café de Paris et des Frères-Provençaux. Ils ajoutaient que ce serait un délicat morceau pour un requin, si nous venions à faire naufrage.

A bord, le bel Alfred se comportait comme s'il eût été sur le boulevard des Italiens. Sa toilette était d'un négligé recherché, comme celle d'un homme qui connaît la puissance qu'une mise soignée peut exercer sur l'esprit, sinon sur le cœur d'une femme qu'on cherche à captiver.

M. Alfred avait sans doute le désir de conquérir plus d'une de nos belles passagères, puisqu'il les accablait toutes d'égards empressés, trop empressés, je dois le dire ; car ils ont fait naître des altercations sérieuses que le lecteur trouvera détaillées plus loin. Ce jeune homme oubliait qu'il était dans une maison flottante, où les mêmes visages se rencontrent à chaque minute, où l'on ne peut faire un pas sans coudoyer son voisin, et sentir la chaleur de son haleine. Il oubliait que ce qui est admis et même de rigueur sur la grande scène du monde, devient stupide, ennuyeux, provoquant dans l'intérieur collectif d'un navire.

Notre jeune compagnon de voyage avait de l'instruction ; mais cet avantage se perdait dans la fatuité personnelle qui, chez l'homme, révèle toujours l'absence d'un jugement solide, élément indispensable pour bien développer notre intelligence et former notre esprit. Mais il ne s'agit pas ici de moraliser mes semblables, puisque je n'ai promis que de les esquisser.

M. DUPART.

Il se donnait comme ancien colonel de l'empire, sous le gouvernement duquel il avait servi jusqu'au moment de la restauration. N'ayant que son épée pour toute fortune, il se rendit alors au Mexique pour tâcher d'utiliser cet instrument qui fait la gloire du soldat et presque toujours la dégradation du peuple en lui imposant la servitude et l'oppression. Mais au lieu de reprendre sa carrière dans le Nouveau-Monde, il y chercha fortune dans une voie moins périlleuse que celle du champ de bataille. Il tourna ses regards vers les riches trésors qui sommeillent sous le sol mexicain, et utilisa ses capacités à les extraire à son profit personnel autant que possible. En effet, M. Dupart étant parvenu à se procurer l'emploi lucratif de directeur d'une compagnie exploitant une mine d'argent, la fortune vint promptement lui faire oublier les obstacles que la chute de Bonaparte avait apportés à son ambition militaire.

M. Dupart était fort riche, disait la chronique du bord; et à cet immense avantage, il joignait celui d'être célibataire sexagénaire. Cet âge dépasse un peu celui que le grand Balzac donne, dans la *Physiologie du Mariage*, au célibataire le plus dangereux pour la vertu des femmes et l'honneur des maris. Mais, n'en déplaise à l'illustre romancier, il y a des lovelaces de soixante ans fort redoutables aussi pour l'innocence de ces myriades de jeunes filles dont fourmille notre capitale. Pour une jeune fille, c'est un grand malheur d'être pauvre quand elle est belle, ou bien d'être belle quand elle est pauvre. La beauté, en donnant presque toujours à une femme le goût exagéré de la toilette, la rend vite, si elle est pauvre, la proie des riches célibataires de l'âge dont M. Dupart était favorisé. Cette insinuation ne vient pas de moi; je ne me fais en ce moment que l'écho des rumeurs du bord. C'est ce passager qui se faisait passer pour l'oncle de la belle Valentina; mais ce titre de parenté n'était pris au sérieux par personne, malheureusement; on devine sans peine celui qu'on lui substituait. En esquissant mademoiselle Valentina, j'ai promis d'entrer plus tard dans les détails de ses rapports avec cet oncle supposé; je renvoie de nouveau le lecteur à ce passage de ma narration. Mais en dehors des torts que M. Dupart pouvait avoir à se reprocher, je dois déclarer que sa compagnie était celle d'un homme aimable, spirituel et assez bien pourvu d'instruction pour donner à la conversation toute la variété désirable dans une causerie récréative et amicale.

M. DANTILIGNAC.

L'orthographe de ce nom indique à première vue que celui que je vais esquisser connaît les bords de la Garonne, et fait partie de cette nombreuse famille de Gascons dont la renommée est parvenue chez toutes les nations civilisées. En effet, ce passager avait reçu le jour dans cette délicieuse province de la Francce, et je pense même que du château de son père il avait la douce satisfaction de pouvoir se mirer dans les eaux limpides du fleuve qui ajoute tant de puissance à la gloire et la prospérité de la Gascogne.

Au physique, M. Dantilignac avait un embonpoint qui allait jusqu'à l'obésité; mais loin de s'en alarmer, il disait que la rotondité de l'abdomen donne de la dignité et des charmes à l'homme qui sait bien la porter. Ce passager avait l'humeur enjouée et le verbe fécond. Il aimait à intervenir dans toutes les discussions, et quelles que fussent les questions qu'on lui posât, il les tranchait sans la moindre hésitation, au risque de se tromper; ce qui lui arrivait assez souvent. Il y avait surtout un sujet de conversation qui excitait sa verve au suprême degré; c'était de faire ressortir les avantages de chaque province de France et de prêter une supériorité exclusive à la Gascogne, et le monopole de l'intelligence à ses habitants.

Sur ce terrain, M. Dantilignac ne faisait aucune concession; mais je me hâte d'ajouter que cet excès de partialité était tempéré par des qualités fort estimables. Il était sensible aux maux de ses semblables ; il le prouvait souvent par ses procédés envers les passagers de l'entre-pont. Il s'était muni de caisses de vin de Bordeaux en s'embarquant, afin de les utiliser en cas de besoin dans le cours de la traversée, et il en disposa presque entièrement en faveur des hôtes de l'entre-pont, ayant bien soin de choisir ceux qui étaient les plus dénués de ressources. Un tel acte d'humanité rachète bien les nuances nébuleuses qu'on peut rencontrer dans le caractère d'une personne.

Cependant, pour parler le langage de la stricte vérité, je dois dire que la philanthropie de M. Dantilignac ne pouvait s'étendre jusqu'aux faiblesses et aux petits défauts du jeune Alfred. Il ne pouvait tolérer les ridicules d'un homme qui se fait l'esclave de la mode et des sottes manières qu'impose la vanité qu'on cherche à transformer en dignité personnelle. Ce qui semblait déplaire particulièrement à M. Dantilignac, dans la conduite de M. Alfred, c'était l'air de séducteur irrésistible qu'il se donnait auprès de toutes nos belles passagères. La jalousie intervenait-elle dans le manque d'indulgence de notre gros Gascon envers notre lion parisien? Je ne puis l'affirmer; mais la femme a tant d'influence sur la conduite de l'homme, que la réprobation de M. Dantilignac, en cette circonstance, pourrait fort bien avoir eu une autre cause que les allures ridicules d'un fashionable. Du reste, je dois ajouter que ces messieurs avaient l'un pour l'autre une antipathie qui allait jusqu'à la haine. Le lecteur en trouvera plus loin une preuve incontestable dans une scène que je rapporterai avec le soin qu'elle mérite ; ce n'est pas la moins curieuse de toutes celles qui figurent dans cette narration de voyage.

M. POINTILLARD.

L'apparition des chemins de fer a complétement éclipsé et confondu dans la foule un type de voyageur qui a plus d'une fois déjà exercé la plume des écrivains de notre époque. Je veux parler du voyageur du commerce, qui formait l'auréole de cette maison roulante exploitée si profitablement par la compagnie Laffite et Caillard. Le voyageur du commerce était le véritable et l'unique héros de ce véhicule classique, dans lequel il était presque impossible de prendre place pour se rendre dans une partie quelconque de la France sans avoir l'avantage de se trouver en face ou côte à côte avec un de ces commis voyageurs dont la loquacité était souvent spirituelle et toujours inépuisable.

M. Pointillard était une célébrité de ce genre. Je puis d'autant mieux l'affirmer que le hasard l'avait déjà mis sur mon chemin avant de me l'envoyer en qualité de compagnon de voyage dans cette excursion d'outre-mer. De tous les passagers de la chambre, il était sans contredit le plus curieux personnage destiné à figurer dans cette liste biographique. Comme la Providence n'est pas un vain mot pour moi, je me plais à croire qu'elle m'aura donné ce passager pour m'aider à combattre la monotonie d'un long séjour entre le ciel et l'eau, et m'offrir en même temps une intéressante esquisse de plus pour mon livre.

Afin de mieux pénétrer dans les sinuosités du caractère de M. Pointillard, je demande au lecteur la permission de rétrograder un peu vers le passé. Ce fut en diligence que je me trouvai la première fois en présence de notre compagnon de voyage. Il voyageait, me dit-il, en qualité de représentant d'une grande maison de Paris.

M. Pointillard ne manquait pas d'esprit, mais, comme tous ses confrères, il le noyait souvent dans un excès de loquacité. L'intelligence humaine ressemble à la vapeur, sous le rapport de la puissance centrifuge; elle devient nulle si l'orifice par lequel elle s'échappe est d'une grandeur disproportionnée avec celle du vaisseau qui la contient. M. Pointillard, en cette première rencontre, me donna un abrégé de son histoire à l'aide duquel je compris que son existence avait subi trois grandes métamorphoses. Il avait d'abord été enfant comme tout le monde, puis commis voyageur comme personne, et enfin l'idole du beau sexe dès que son esprit eut acquis l'expérience que donne l'âge de la virilité.

J'allais à Clermont-Ferrand quand je rencontrai le célèbre commis voyageur. Ayant fait séjour dans cette métropole de l'Auvergne, j'eus plus d'une fois l'occasion d'y voir M. Pointillard qui, dans la journée, s'acquittait activement de sa mission mercantile; mais le soir, il ne manquait jamais de se rendre au plus fameux café de la ville pour s'y récréer et s'y faire admirer en même temps par les lions de la localité. Je manquerais moi-même à la mission que je me suis imposée, si je ne mentionnais pas les triomphes oratoires que M. Pointillard a remportés en ma présence, au milieu d'un auditoire d'élite, dans ce café de Clermont. La politique et le beau sexe semblaient les sujets de prédilection de M. Pointillard. En les traitant, sa faconde y trouvait un éclat fascinant pour ses admirateurs. En politique, il abordait les questions les plus avancées et les plus ardues avec un tact, une finesse, une assurance dignes de mériter la haine d'un Guizot et le sourire sarcastique d'un Thiers. Il ne faut pas oublier que c'était sous le règne de Louis-Philippe que M. Pointillard faisait ainsi de la politique progressive en plein café, sans trop s'exposer à aller s'asseoir sur les bancs de la cour d'assises pour y rendre compte des effets pernicieux qu'avait produits son éloquence. En écoutant cet orateur, on l'aurait vraiment pris pour un second messie chargé d'effectuer une régénération politique et sociale chez toutes les nations de la terre. Mais dès que M. Pointillard se trouvait en contact avec un commettant de sa maison de commerce, le tribun disparaissait pour céder la place au commis voyageur entrant à pleines voiles dans l'exercice de ses difficiles fonctions. En faisant l'article, pour me servir de l'expression consacrée, M. Pointillard n'ayant en vue que le succès de ses affaires, partageait docilement toutes les opinions de son interlocuteur pour ne pas entraver l'opération commerciale qu'il s'agissait de traiter. Cette tactique prouve que notre commis voyageur avait été à bonne école, à cette école moderne qui ordonne de sacrifier tous les principes moraux aux intérêts matériels individuels.

Mais je ne dois pas me livrer au plaisir de la digression quand il s'agit de faire à grands traits le portrait du plus curieux de mes compagnons de traversée.

Je reviens donc au café de Clermont, où j'ai entendu pérorer notre célèbre commis voyageur, pour rapporter ici les passages les plus saillants de sa conversation.

Un lionceau auvergnat qui me semblait n'avoir jamais perdu de vue le sommet des montagnes de sa pittoresque province, demanda à connaître l'opinion de M. Pointillard sur la ville de Clermont.

— Ce que je pense de cette ville? dit le voyageur en laissant percer un malin sourire ; vous me faites là une question fort délicate, Monsieur ; car ma réponse est susceptible de blesser les sentiments que doit vous inspirer naturellement la capitale de la plus belle partie de l'Auvergne. Cependant, je suis trop franc pour refuser une réponse quelconque à une question que l'on m'adresse. Je vous dirai donc que Clermont est une ville de province : ce mot renferme tout ce que vous devez chercher à savoir de moi à cet égard.

— Mais enfin, Monsieur, reprit le lionceau, il y a ville de province et ville de province. J'ai toujours entendu citer Clermont comme une des plus belles de France.

— Puisque vous persévérez à connaître toute mon opinion sur votre cité, fit Pointillard d'un air piqué de l'amour-propre exagéré de son interlocuteur, je vous dirai que je me croirais ici au bout du monde si ce n'étaient des messageries Laffitte et Caillard qui me font souvenir que vous communiquez directement avec Paris. Paris ! voilà, Messieurs, l'unique ville où l'on puisse se flatter d'exister. Après Paris, baissez la toile, car il n'y a plus de ville ici-bas où peut se plaire un être vraiment civilisé. Aussi, ne puis-je vous dissimuler l'étonnement que me cause votre présence à Clermont, quand votre éducation et vos avantages physiques vous assignent une place distinguée dans les salons de la capitale.

Il n'est guère possible d'apostropher quelqu'un d'une manière plus habile que ne le fit en cette occasion M. Pointillard. Les dernières paroles de cette tirade produisirent un si bon effet sur l'auditoire, que tous les lionceaux auvergnats se considérèrent les uns les autres avec admiration pour sanctionner du regard le compliment du commis voyageur. S'apercevant de la douce satisfaction que nos jeunes Auvergnats éprouvaient de se voir louer ainsi par un homme comme M. Pointillard, celui-ci a continué ses éloges sarcastiques avec une verve digne de le faire chef de l'opposition d'une assemblée législative, ou premier ministre d'un gouvernement constitutionnel.

—Je le répète, Messieurs, continua-t-il, comment pouvez-vous rester ainsi parmi un peuple dont le barbare jargon assassine les oreilles les plus rustiquement constituées? Et vos vêtements! A quoi ressemblent-ils? Vous portez des habits à queues de morue comme ceux des garnisaires de l'ancien régime. Quand la nature nous donne de l'esprit, de l'intelligence, en un mot de l'étoffe pour faire un homme supérieur, sachez que c'est un crime que de ne pas s'imposer le devoir d'utiliser un si précieux trésor.

—Cependant, nous nous faisons habiller par le meilleur tailleur de Clermont, dit un des lionceaux en réponse au blâme de l'orateur, touchant la coupe des habits.

—Vos tailleurs, reprit Pointillard d'un ton dédaigneux, ne sont pas capables de faire autre chose que le gilet rond d'un étameur de casseroles, et le modeste pantalon d'un raccommodeur de porcelaine. Le reste est pour eux le mystère de la création du monde.

— Il est de fait, dit un autre lionceau, que vos habits ne ressemblent en rien aux nôtres.

— Je le crois parbleu bien, fit le voyageur en donnant un coup d'œil de satisfaction à sa toilette. Mais dame, il n'y a rien d'étonnant à cela, quand on se fait habiller par les meilleurs tailleurs de la capitale du monde civilisé.

— Comment nommez-vous votre tailleur? demanda un des interlocuteurs.

— Mes tailleurs, voulez-vous dire, reprit M. Pointillard; car, nous autres Parisiens, nous avons un tailleur pour chaque pièce de notre vêtement. Chaque tailleur a sa spécialité; c'est pourquoi notre toilette a ce chique inimitable en tous pays.

— Voilà donc le secret de la perfection des vêtements des Parisiens, dit un jeune Auvergnat, en contemplant derechef la mise de notre commis voyageur d'un air de convoitise.

Pour varier le plaisir de la soirée, on proposa une partie de billard à M. Pointillard, qui déclina d'abord cette récréation sous prétexte que les billards de province ne sont généralement que de mauvais sabots. Pour vaincre son refus, on lui fit observer que les billards du café en question sortaient des ateliers d'un des meilleurs faiseurs de Paris. Mais notre commis voyageur, qui avait réplique pour tous les raisonnements qu'on lui opposait, soutint que les meilleurs fabricants de la capitale étaient des gens trop habiles pour ne pouvoir faire des billards comme il en fallait à la province.

Cependant M. Pointillard consentit à faire une partie. Il s'arma donc de la meilleure queue qu'il put trouver dans la collection, et battit à plate-couture les lionceaux du Puy-de-Dôme les uns après les autres.

Le résultat le plus palpable de ce triomphe, fut un bol de punch au rhum servi flamboyant sur une table circulaire autour de laquelle prirent place le gagnant et les perdants pour faire accueil à cet ardent breuvage.

Dès le premier verre, M. Pointillard porta un toast à ses admirateurs.

— A vos amours, Messieurs, dit-il en dirigeant le liquide vers ses lèvres aussi indiscrètes que moqueuses.

Les lionceaux répondirent à cette politesse par un sourire des moins équivoques; et chacun vida son verre tout d'une haleine.

Comme M. Pointillard ne donnait pas son opinion sur la qualité de ce breuvage, un membre de la compagnie se hasarda à la lui demander. Le voyageur répondit, qu'en fait de rhum, il n'y avait qu'à Paris qu'on pouvait, avec connaissance de cause, dire sa façon de penser sur ce spiritueux; que tout ce qu'on vendait pour tel ailleurs n'était que de l'eau-de-vie frelatée. Cette réponse n'était pas assez encourageante pour que l'interlocuteur de M. Pointillard ne cherchât pas à porter la conversation sur un terrain moins compromettant pour l'amour-propre des Auvergnats.

Par une transition plus ou moins bien préparée, on questionna M. Pointillard sur le mérite des sommités littéraires de la capitale, et notre voyageur en parla comme s'il eût vécu dans la plus grande intimité avec ces illustrations nationales.

— Ces hommes, dit-il avec sa verve accoutumée, ne sont pas seulement admirables pour leurs œuvres immortelles, mais encore inappréciables pour le plaisir qu'on trouve dans leur société. Aussi vous dirai-je qu'on se dispute la faveur de jouir de leur présence, soit en les attirant chez soi, soit en obtenant d'être admis chez eux. Ce fait est un des plus glorieux résultats de la civilisation. Autrefois, les hommes de génie mouraient de faim dans un grenier ou dans un hôpital. Il fallait du parchemin pour avoir du mérite, et beaucoup de fortune pour n'être pas confondu avec le dernier des manants. Si parfois les grands seigneurs prenaient sous leur protection un homme de talent, c'était pour mieux faire ressortir leur puissance et leur supériorité individuelle, et non pour payer au génie le tribut qu'on lui doit par hommage pour le Créateur qui, seul, en est le dispensateur.

Le talent, continue l'orateur, ne pouvant s'acquérir sans étude, sans effort d'esprit, ces grands mortels l'abandonnaient aux gens du peuple, et se faisaient gloire de monopoliser l'ignorance et l'immoralité. La répression de la pensée était si forte, que les écrivains de cette époque restaient dans le sentier battu de la routine faute de pouvoir donner de l'essor à leur génie. Aussi, les romans d'alors sont-ils fades et insipides comme des huîtres d'eau douce : je ne connais pas de plus puissant remède contre l'insomnie. Il est vrai que l'opium, cet enivrant poison avec lequel les Anglais veulent civiliser la Chine, n'avait pas encore été découvert par la science européenne pour en doter la médecine. Aujourd'hui, en littérature, la fiction est traitée si hardiment, qu'elle franchit souvent les bornes de la réalité ; mais il en résulte qu'on ne peut lire nos romans modernes sans se voir dresser les cheveux sur la tête, et pleurer de frayeur, sinon de sensibilité.

M. Pointillard fit une pause ici pour retremper son éloquence dans un verre de punch. Il était radieux de l'impression qu'avait faite son discours sur ses auditeurs. On l'avait, en effet, écouté avec un silence plein d'admiration. Cependant, un des lionceaux osa le réfuter avec l'opinion de son professeur de rhétorique.

—Quand j'étais au collége de cette ville, dit-il, mon professeur de rhétorique nous tenait un langage bien opposé au vôtre, Monsieur. Il prétendait, lui, que nos romanciers modernes, non-seulement massacraient la belle langue du règne de Louis XIV, mais encore que leurs œuvres pervertissaient l'esprit et les mœurs, et manquaient de goût et de vraisemblance. Dans le même ouvrage, disait mon digne professeur avec une sainte réprobation, on trouve les plus choquantes anomalies : on y prêche à la fois le vice et la vertu ; on y fait appel à la charité du riche en faveur du pauvre, et on y élève au troisième ciel les gens qui pratiquent les jouissances du luxe le plus raffiné et la plus exquise sensualité. Contradiction monstrueuse ; car le luxe et la sensualité rendent égoïste ; et l'égoïsme est la source la plus féconde de la misère et de la corruption. Je vous prie, mes enfants, ajoutait-il, de bien vous garder de lire ces œuvres fangeuses qui n'exhalent que l'odeur pernicieuse du crime et de la plus hideuse perversité sous l'égide d'un talent plus ou moins fascinateur. Sachez, d'ailleurs, que ces écrivains qui se donnent à la multitude comme de zélés et courageux réformateurs des abus de la société, s'enivrent souvent eux-mêmes de coupables plaisirs avec les montagnes d'or qu'ils obtiennent de leurs dangereuses productions. Voilà l'opinion qu'émettait mon professeur de rhétorique sur les hommes que vous admirez et que nous admirons comme vous, Monsieur, en compagnie de toute la nouvelle génération, dit le jeune Auvergnat avec un air de triomphe qu'il semblait puiser dans l'embarras que cette réfutation d'emprunt causerait au célèbre voyageur.

Loin d'en avoir été ainsi, cette réplique n'eut d'autre résultat pour notre orateur d'estaminet, que de lui offrir l'occasion de remporter une victoire complète de cette séance.

— Ce langage, reprit le voyageur avec un sourire dédaigneux des mieux accentués, ce langage est vraiment digne d'un pédagogue chargé d'enseigner la rhétorique. Ma parole d'honneur, hors du grec et du latin, ces gens-là ne savent que battre la campagne. Homère, Platon, Virgile, Horace, voilà leurs dieux : le reste ne vaut pas la peine d'en parler. Ces écrivains de l'antiquité sont fort estimables, je ne le nie pas ; mais cela doit-il empêcher de rendre bonne justice à ceux de notre siècle ? D'ailleurs, a-t-on jamais vu un adulateur plus empressé que l'auteur de l'*Énéide?* Si le grand Homère eût vécu sous le règne d'un Auguste, il est plus que probable qu'il n'eût jamais écrit ses chefs-d'œuvre en mendiant son pain.

— C'était surtout de ce poëte immortel, interrompit le jeune Auvergnat, que mon professeur était idolâtre. Il n'en parlait jamais sans porter la main à son chapeau. Il n'y a, nous disait-il, qu'un poëme épique dans le monde : c'est l'*Iliade*. Il n'en surgira jamais un semblable d'un cerveau humain. Les beautés en sont si merveilleuses, le lirait-on mille fois qu'on en découvrirait toujours de nouvelles.

— Ce serait assez ridicule, j'espère, si dans notre siècle éclairé on voyait un écrivain de génie perdre son temps à traiter des fables pareilles à celles que nous lisons dans l'*Iliade*.

—Je ne vous conseillerais pas de tenir ce langage sur Homère en présence de mon ex-professeur, dit l'adversaire du voyageur.

—Il paraît, reprit M. Pointillard, que votre professeur était un maniaque aussi ridicule et aussi amusant qu'un de ses confrères avec qui je me suis trouvé en diligence en me rendant de Bordeaux à Toulouse. Chez un grand nombre de savants, le bon sens semble accablé sous le poids d'une fatigante érudition. Chargés de richesses superflues, souvent le nécessaire leur manque : ils savent tout ce qu'il faut ignorer, et ils ignorent presque tout ce qu'ils devraient savoir. Le savant dont je parle ne me disait rien sans l'assaisonner d'une citation grecque ou latine. Son amour pour les vieux classiques allait quelquefois jusqu'à la folie ; car son domestique m'a assuré que dans son collége, ce professeur, le jour de la distribution des prix, mettait une chemise sur le jabot de laquelle se trouvaient imprimés, d'un côté, un chant de l'*Iliade*, et, de l'autre, un chant de l'*Énéide*. Sa canne était couronnée d'une tête d'Homère, et sur sa malle, son nom se trouvait écrit en caractères grecs. Toute ma vie, je conserverai dans ma mémoire les traits absorbés d'érudition de cet illustre compagnon de voyage. Instruisons-nous, Messieurs, pour nous éclairer, mais non pour nous abrutir. Prenons le bon que contiennent nos romans modernes, et rejetons le mauvais dans l'oubli. D'ailleurs, je soutiens que pour pouvoir rejeter le mauvais, il faut le connaître ; or, pour le connaître, il faut lire les œuvres qui le renferment. N'est-ce pas logique ?

Personne n'ayant trouvé mot à répondre, le triomphe

de M. Pointillard fut complet. Lorsqu'il sortit du café, il était radieux et se croyait assez puissant pour porter le monde dans la paume de sa main.

Cette séance m'avait donné une assez haute idée de cet illustre voyageur pour en garder un souvenir amusant, sinon instructif. Cependant, je l'avais presque oublié, lorsque le hasard me le fit rencontrer derechef dans un estaminet de la capitale, où une averse m'avait forcé de me réfugier un moment.

C'était le soir. L'établissement était généralement fréquenté par la gent commerciale du quartier des Bourdonnais. Là, M. Pointillard fumait une pipe en porcelaine de la forme et de la grosseur d'un petit cantaloup, dont la queue imitait un serpent. De temps en temps, notre héros sortait de sa bouche la queue du reptile pour boire une gorgée de bière, portant un nom étranger pour mieux dissimuler sa médiocrité. Puis il recommençait à fumer avec tant d'ardeur, que sa personne disparaissait quelquefois dans les nuages de vapeur qu'il aspirait de sa pipe monstrueuse.

Dans cette seconde rencontre, M. Pointillard m'a donné toute la mesure de son mérite personnel et de son habile savoir-faire pour provoquer l'admiration d'un auditoire quelconque. En province, il captivait les provinciaux en se donnant comme un lion parisien admis dans l'intimité des gens de la plus haute société de la capitale. N'oubliant jamais cette véridique maxime disant que : Nul n'est prophète dans son pays, M. Pointillard brillait aux yeux des Parisiens en faisant ressortir alors avec une finesse étudiée les solides qualités des provinciaux, et les présomptions souvent ridicules des habitants de la magique cité. Dès qu'un jeune et séduisant commis voulait faire valoir ses avantages physiques en énumérant ses bonnes fortunes plus ou moins équivoques, le voyageur modèle le condamnait au silence en lui prouvant, avec sa faconde inépuisable, que les Parisiennes étaient de trop faciles captures pour s'en pouvoir enorgueillir; que la plus humble provinciale, par sa fraîcheur et sa vigoureuse santé, était plus appétissante pour les vrais connaisseurs que la plus belle déesse des grands salons de Paris; que pour conquérir l'une, il ne fallait qu'une mise prétentieuse et du bavardage de convention ; mais que pour captiver l'autre, il fallait un cœur bien placé et une intelligence cultivée comme l'exige le bonheur émanant de nobles sentiments.

Un des beaux esprits de la société fit les plus grands efforts pour tenir tête à M. Pointillard en cette occasion ; mais cette téméraire prétention ne servit qu'à rendre au vainqueur la victoire plus éclatante. C'est, en effet, ce qui eut lieu, et le voyageur invincible couronna son triomphe par ces deux vers de Corneille :

« Je vous les envoyai tous deux en même temps;
Et le combat cessa faute de combattants. »

Pour compléter cette esquisse, il ne me reste plus qu'à dire un mot des allures qu'a ce curieux personnage à bord de notre navire.

Aujourd'hui, M. Pointillard n'est plus commis voyageur, mais bien importateur de marchandises françaises, établi à la Nouvelle-Orléans depuis plusieurs années. On comprend que cette ascension dans l'échelle mercantile a produit une certaine modification dans les mœurs du simple voyageur. Le titre de négociant lui impose un peu plus de réserve et de dignité personnelle. Mais, à cela près, le nouveau Pointillard est tout calqué sur l'ancien. Par exemple, lorsque notre bâtiment est en proie à la violence des flots, notre ex-commis voyageur affecte de trouver un grand plaisir à se promener sur le pont de la dunette, d'où il lance sur la mer en courroux un regard provocateur. Il semble dire aux vents déchaînés, qu'ils sont impuissants pour ébranler l'héroïsme d'un homme de la trempe de Pointillard. Puis, quand il est satisfait de s'être opposé ainsi à la fureur des éléments, il descend à l'entre-pont pour y répandre la frayeur parmi ceux qui redoutent le plus les dangers d'une situation si critique.

— Eh bien, mes amis, leur dit-il d'un ton d'assurance d'un marin consommé, que pensez-vous de ce zéphyr ?

—Quel diable de zéphyr ! Que deviendrons-nous donc, Monsieur, quand il fera du vent, répondent les plus timorés des hôtes de cette triste demeure.

—Quand il fera du vent, reprend M. Pointillard sur le même ton, vous le saurez, mes braves gens, d'une manière incontestable; car alors personne ne peut mettre le nez sur le pont sans s'exposer à devenir indéfiniment un habitant de l'empire de Neptune.

—Plaisanterie à part, dites-nous donc, Monsieur, si nous sommes en danger de périr par cette affreuse tempête? demandent les plus alarmés par l'héroïsme de notre exportateur.

—Lorsqu'on n'est séparé de l'éternité que par une muraille en bois de six pouces d'épaisseur, on peut se flatter de cheminer plus que jamais en compagnie de la mort, répond gravement M. Pointillard. Mais quant à présent, nous ne courons aucun danger; on est cahoté un peu fort, et voilà tout le mal. Tant que le vent ne siffle pas dans les cordages comme le feraient un million de serpents, que les vagues ne font pas un ponton du navire, il n'y a rien à redouter du présent. Mais quand vous verrez disparaître comme des plumes d'oiseau les mâts avec les voiles, la cuisine et son personnel, la dunette et ses hôtes, tous les accessoires du navire enfin, dame, alors, il est temps de faire son paquet pour le grand voyage inconnu que tout le monde accomplit sans distinction de rang ni d'âge, et dont personne n'a jamais pu encore revenir publier la narration.

— C'est donc comme cela que l'on fait naufrage, M. Pointillard ? lui demande une pauvre mère en pressant son jeune enfant sur son sein, comme pour l'empêcher de plonger sans retour dans le gouffre qui mugit sous ses pieds.

— C'est plus ou moins cela, oui, ma brave femme. Quand on est sur mer, voyez-vous, l'on doit toujours s'attendre à se réveiller un beau matin dans le ventre d'un requin ou celui d'une baleine. Après tout, c'est une surprise comme une autre ; n'a pas qui veut un linceul qui vous fait parcourir gratis et à grande vitesse les profondeurs de l'abîme après la mort.

Lorsque le temps était favorable, et que toute la gent de l'entre-pont était sur le pont à respirer l'air pur dont elle avait si grand besoin pour chasser les miasmes qu'elle aspirait dans son triste séjour, notre ex-voyageur prenait plaisir à raconter à ces malheureux les ravages qu'exerçait la fièvre jaune à la Nouvelle-Orléans, parmi les nouveaux débarqués. Puis, pour pallier un peu la frayeur que son langage alarmant portait chez ceux qui l'écoutaient avec une docile crédulité, M. Pointillard faisait ressortir minutieusement la haute position commerciale qu'il occupait dans la métropole louisianaise, et daignait surtout promettre son appui aux passagers qui lui témoignaient le plus de considération et de déférence. Il est probable que j'aurai l'occasion plus tard de dire au lecteur si les promesses de M. Pointillard n'ont d'autre valeur que des paroles provoquées par le désœuvrement, se perdant dans l'espace sans laisser la moindre trace derrière elles.

M. POMMARDIN.

Pour parler le langage consacré par le progrès, je dirai que ce passager était artiste capillaire de sa profession. Il se rendait à la Nouvelle-Orléans pour y exercer son art à raison de trois cents francs par mois, logé, nourri et blanchi. Cette rémunération suffirait seule pour donner une juste idée des talents éminents de notre compagnon de voyage. Ce n'était qu'au poids des dollars, disait-il avec une noble fierté, qu'on avait réussi à le déterminer à s'expatrier de la capitale, où son mérite professionnel lui valait la flatteuse considération de tous les gens capables d'apprécier les précieux services qu'il rendait au plus bel ornement physique de l'espèce humaine.

Il est inutile de dire que ce jeune homme ne regrettait pas moins Paris que notre charmante modiste. Comme elle, il se promettait bien aussi de ne pas écouler de longues années loin de la merveilleuse cité; l'espérance d'y revenir encore jeune et comblé des faveurs de l'aveugle déesse, faisait son plus doux et grand bonheur parmi nous.

A bord, une des plus importantes occupations de M. Pommardin, était de rivaliser d'élégance avec le bel Alfred ; mais sur ce terrain, notre artiste capillaire n'était pas de force à soutenir à chance égale la lutte avec un si redoutable adversaire. Ses efforts à cet égard n'ont jamais cessé d'être héroïques, mais n'ont jamais pu être couronnés d'un succès complet, en dépit de sa belle moustache noire, de l'éclat de ses bottes vernies, et de la coupe *dernier genre* de ses habits. En dépit de tous ces rares avantages, dis-je, on apercevait de temps à autres, dans cette allure étudiée, le bout de ce maudit peigne à retaper, arme glorieuse dès que notre habile artiste l'utilisait dans l'exercice de sa difficile profession, mais sans prestige quand elle apparaissait à sa belle chevelure lorsqu'il avait la faiblesse de vouloir jouer le rôle ridicule d'un lion bipède.

Je pourrais encore ajouter à cette liste de nouveaux noms de passagers de la chambre, si je ne voulais pas me borner à donner au lecteur une narration concise et toujours susceptible de l'intéresser. J'aurais pu, à la rigueur, esquisser encore M. Pochelardon, pour faire parallèle à M. Pointillard. Dans la sphère commerciale et à titre d'importateur, M. Pochelardon n'en cédait pas à notre ex-commis voyageur; mais hors de là, ce dernier dépassait son confrère de toute la hauteur des pyramides. Aussi, M. Pochelardon se vengeait-il de cette infériorité intellectuelle en disant, à mi-voix, que Pointillard n'était qu'un fat, un pédant, un sot blagueur, qu'il ferait mieux de s'occuper de ses intérêts personnels que de faire le bel esprit au préjudice de son savoir-faire commercial.

Maintenant, je vais offrir les principaux passagers de l'entre-pont à l'appréciation de ceux qui m'accompagneront dans ce long trajet en parcourant cette fidèle narration.

L'entre-pont avait aussi ses héros que, je trouve d'autant plus dignes d'être esquissés qu'ils luttaient courageusement contre l'adversité. Pour me conformer à la divine maxime du Christ, j'aurais dû commencer par ces infortunés, puisqu'aux yeux de Dieu le pauvre a plus de mérite que le riche. Mais si je les ai réservés pour clore cette liste, c'est pour les mieux incruster dans la mémoire du lecteur, et observer en même temps un excellent conseil de l'illustre Horace, qui dit :

Non fumum ex fulgore, sed ex fumo dare lucem cogitat.

C'est pour qu'il en soit ainsi de ma narration que j'ai fait venir les personnages de la chambre avant ceux de l'entre-pont.

M. COLIN.

Ce passager était un gros et joyeux personnage natif de Metz, où, pendant de nombreuses années, il avait exercé la profession de limonadier, et vécu, disait-il, en bon fils, bon époux, bon père et citoyen paisible.

M. Colin n'eût jamais songé à s'expatrier, si la petite vérole ne fût venue moissonner la beauté de son unique enfant qui, par ses charmes et son assiduité au comptoir, faisait la prospérité de l'établissement.

Hélas! disait un jour en ma présence ce bon père, que la prospérité qui dépend de ce fantasque public est fragile. Mon café regorgeait nuit et jour de tout ce qu'il y avait de mieux dans la ville avant l'apparition de la petite vérole chez cette malheureuse enfant. C'était à qui occuperait les tables les plus près de son trône pour converser avec elle, lui offrir un bouquet et un compliment mérité. Mais après le passage du fléau sur les traits ravissants de ma Joséphine, le vide se fit peu à peu dans mon établissement au profit de mes concurrents : les officiers de la garnison et les jeunes gens de famille, qui composaient ma clientèle, se sont évanouis comme un songe.

Cependant, grâce à la philosophie de M. Colin, ses revers de fortune ne s'étaient que légèrement fait sentir sur son visage jovial orné d'un double menton, et sur son abdomen, dont le contour était digne de provoquer la jalousie d'un chanoine. Mais, outre ce consolant embonpoint, ce passager possédait encore le caractère le plus inoffensif et le plus obligeant qu'il soit possible de rencontrer. Aussi était-il estimé de tous ses compagnons de voyage, surtout de ceux qui aimaient la paix et la tranquillité; car il suffisait à M. Colin de montrer sa grosse figure enjouée et rubiconde au milieu d'une rixe pour la faire cesser comme par enchantement.

M. Colin, en homme sage et prévoyant, s'en allait seul dans le Nouveau-Monde, pour savoir si ce pays lui offrirait assez de ressources pour lui permettre de rappeler la prospérité au sein de sa famille, s'il la faisait venir. En attendant que M. Colin ait pu s'assurer d'une manière certaine des chances de succès que son industrie pouvait trouver dans cette lointaine contrée, sa femme et sa fille faisaient marcher de leur mieux le café de Metz, en dépit de l'inconstance humaine et des ravages ruineux qu'exerce la petite vérole sur les traits d'une jeune et jolie fille de comptoir.

M. MOUCHELIN.

Un petit vieillard à l'œil vif, à la voix brève et aux allures saccadées, attira mon attention si souvent, que je me promis d'abord le plaisir de lier conversation avec lui à la première occasion. Il se nommait Mouchelin. Il avait servi la France, sa patrie, en qualité d'aspirant de marine du temps de la grande république.

— Quand je portais l'uniforme d'aspirant, me disait-il dans un de nos entretiens, je ne pensais guère alors qu'un jour je franchirais l'Atlantique en qualité de passager d'entre-pont d'un navire marchand, que je coucherais dans un grabat en compagnie de cinq ou six personnes d'une propreté qui laisserait beaucoup trop à désirer. A la rigueur j'aurais pu, il est vrai, me réfugier à la chambre avec mon fils ; mais comme c'est pour tâcher d'assurer une position à cet enfant que je me rends aux États-Unis, j'ai donc préféré m'imposer, ainsi qu'à lui, ces dures privations plutôt que de prélever un billet de mille francs de plus sur le faible capital que je destine à son bonheur. J'ai déjà visité le pays où je vais maintenant chercher la prospérité; et si ses ressources sont aussi grandes qu'à cette époque, je suis presque certain de réussir dans mon entreprise paternelle.

Les grands sacrifices que s'imposait M. Mouchelin atteindront-ils leur but? J'aurais le droit d'en douter, si l'intelligence est indispensable à un jeune homme pour faire son chemin; car, sous ce rapport, le fils Mouchelin n'avait pas hérité de son digne père. Pendant toute la traversée, le plus grand plaisir de ce jeune homme était d'abreuver les hôtes de l'entre-pont de vexations intolérables, ne pouvant surgir que d'une tête fêlée. Cette conduite insensée faisait le supplice de ce pauvre père, et aggravait encore sa position déjà si pénible. Mais le sentiment paternel est si puissant sur l'homme généreux, qu'il aveugle souvent sa raison. Ce bon vieillard, au lieu de voir que la conduite de son fils était l'effet de la stupidité, du manque d'esprit et de jugement, l'attribuait naïvement à la vivacité, à la turbulence de la jeunesse ; du reste, cette erreur paternelle n'est pas rare : il est si doux, en pareil cas, de s'abuser, de prendre des défauts pour des qualités, de l'ineptie pour des espiègleries enfantines.

M. TRONCHON.

Voici un passager qui se donnait comme une victime du gouvernement de Louis-Philippe. Il exerçait, disait-il, d'une manière irréprochable les fonctions de percepteurs des contributions, et perdit cet emploi pour avoir manqué de docilité envers la politique rétrograde du roi improvisé par quelque député sans mandat. Je sais qu'en France les abus de pouvoir sont à l'ordre du jour depuis bien des siècles, que l'opposition la plus infime y trouble le sommeil des hommes d'État; mais, bien qu'il m'en coûte de douter de la parole de M. Tronchon, j'ai peine à me convaincre qu'il ait perdu ses fonctions de percepteur en faisant résistance à la marche du pouvoir qui l'occupait, car ce passager semblait doué d'une indolence, d'une souplesse de caractère incapables de se révolter contre la politique injuste, arbitraire, tyrannique d'un gouvernement quelconque.

C'était donc pour se dédommager de son honorable disgrâce gouvernementale, comme l'appelait si bien cet ex-fonctionnaire, qu'il se rendait à la Nouvelle-Orléans avec une pacotille d'habillements d'hommes confectionnés à la dernière mode de Paris. Pour rendre sa destitution moins amère encore, M. Tronchon s'était fait accompagner dans ce long voyage par la grosse paysanne qui lui servait de ménagère dans la Basse-Normandie, où était la perception ; et par surcroît de précaution, il avait emmené aussi un petit paysan d'une douzaine d'années, qui devait à bord servir d'aide de cuisine à cette ménagère, qui, par parenthèse, se nommait Fanchon.

M. Tronchon eut lieu de se féliciter de cette double prévoyance ; car la grosse Fanchon et lui étaient tellement sensibles au moindre choc des flots, qu'ils gardèrent le lit presque toute la traversée. Que serait donc devenu notre ex-percepteur, s'il n'eût donné un aide de cuisine à sa servante ? Aussi, lui disait-il sans cesse :

— Ma pauvre Fanchon, si je n'eusse pas emmené ce drôle, quelle existence aurions-nous menée pendant ce terrible et long voyage ? Je considère cette précaution comme une inspiration du ciel.

— C'est vrai, Monsieur, répondait la débile ménagère d'une voix faible et brisée par des efforts stomachiques, car je ne suis bonne à rien autre chose qu'à vous causer des dépenses et de l'embarras. Si je me mets debout, mes jambes plient sous le poids de mon corps, et le cœur me monte à la bouche. Dieu de Dieu ! Monsieur, que c'est pénible et dangereux d'aller sur la mer ! Si jamais j'arrive vivante en Amérique, je préfère y finir mes jours que de m'exposer à de pareilles souffrances.

— Fanchon, je vous ai déjà dit mille fois qu'on ne meurt pas du mal de mer, répondait doctoralement M. Tronchon pour consoler sa grosse compagne.

La qualité d'ex-fonctionnaire public, et plus encore

l'amour du confort, avaient déterminé ce passager à se faire construire une cabine particulière, habitée seulement par lui et ses deux domestiques. Pendant que M. Tronchon et sa compagne gémissaient là sous le poids de leur débilité, le petit paysan négligeait son service pour folâtrer avec quelques passagères allemandes de son âge. Pour rappeler l'aide de cuisine à ses devoirs, on entendait souvent son maître lui crier :

— François! François! voilà, drôle, comme tu passes ton temps, au lieu de t'occuper de notre dîner.

— Il n'y a pas moyen de trouver place au fourneau, répondait le paysan sans discontinuer ses enfantines récréations.

— Pas de place au fourneau ! répétait avec désespoir l'ex-percepteur. C'est une horreur, en vérité, que de traiter les gens de la sorte. A quoi me sert donc d'avoir payé cent francs de plus que les autres passagers pour avoir cette cabine particulière, et droit à des égards analogues? Pour m'empêcher de mourir de faim je suis obligé, la moitié du temps, de ronger un morceau de biscuit dur comme du fer. François ! apporte-moi un verre de vin sucré : entends-tu, vilain garnement?

— Voilà, Monsieur, voilà, s'écriait François.

— Fanchon, vous en prendrez bien un aussi, n'est-ce pas ? ajoutait M. Tronchon.

— Ce n'est pas de refus, Monsieur ; car ça me remettra peut-être l'estomac dans son assiette, répondait la grosse Fanchon.

La chronique faisait bien courir quelques disgracieuses rumeurs sur le compte de M. Tronchon et de sa ménagère ; on trouvait étranger qu'il existât une si touchante harmonie entre la gouvernante et le gouverné, comme si la discorde et les mauvais procédés étaient nécessaires pour tracer une ligne de démarcation entre le maître et le serviteur. Je ne sais si ces propos arrivèrent aux oreilles de ceux qui en étaient l'objet; mais, en tous cas, ils furent impuissants à troubler l'affection qui unissait ces deux passagers.

M. BOULARD.

S'il fallait prendre à la lettre les qualités personnelles que s'attribuait ce passager, je serais tenu de l'offrir au lecteur comme un homme phénoménal. Mais si les capacités de M. Boulard étaient sans borne, ses forces physiques étaient en compensation fort limitées. Cette débilité vexait d'autant plus ce passager, qu'il ne manquait à sa vanité que de pouvoir se proclamer marin invulnérable, comme le faisait, par exemple, M. Pointillard.

M. Boulard se disait bijoutier, horloger, parfumeur, cuisinier et pâtissier. Son axiome était que : Pour savoir et pouvoir, l'homme n'avait qu'à vouloir. Il y a beaucoup de vrai dans cette belle maxime; mais M. Boulard la suivait à l'inverse. Pour savoir, il faut se donner la peine d'apprendre, et oublier de se vanter comme le faisait sans cesse ce passager. En dépit du fait contraire, notre homme phénoménal soutenait que la

Louisiane offrait tous les produits coloniaux des chaudes régions, sans en excepter l'ananas sur lequel M. Boulard avait fondé en perspective une fortune colossale.

Convaincu que cet artichaut des tropiques croissait abondamment dans l'ancienne colonie française, ce passager se rendait à la Nouvelle-Orléans pour s'y livrer à une industrie inconnue, disait-il, en ce pays, et dont le résultat ne pouvait manquer de doter notre homme de richesses fabuleuses. Il ne se proposait rien moins que de faire confire l'ananas, et de l'expédier ensuite par cargaisons au gastronome parisien. M. Boulard oubliait deux choses indispensables à la réalisation de son projet: il fallait, d'abord, trouver des ananas en abondance et presque pour rien à la Louisiane; puis avoir les moyens pécuniaires suffisants pour l'exploiter sur une si vaste échelle. Ces deux choses manquaient totalement à M. Boulard pour pouvoir lui donner une lueur de possibilité d'arriver à un commencement d'exécution de ce vaste et merveilleux projet industriel. Mais notre héros n'en persévérait pas moins à se bercer de la douce illusion qu'il cheminait sur le chemin d'une infaillible et merveilleuse prospérité.

En attendant que je puisse dire le sort que l'avenir réservait à M. Boulard en Amérique, je demande la permission de mettre en relief son ingratitude et le mauvais caractère qui sut lui attirer la juste aversion de ses compagnons de voyage dès le début de la traversée.

Avant de s'embarquer, M. Boulard avait eu l'heureuse idée de s'associer avec deux autres passagers pour vivre en communauté jusqu'à la Nouvelle-Orléans. Si l'homme phénoménal n'avait eu cette précaution, mais surtout la chance de tomber avec deux commensaux d'une bonté inappréciable, il est probable que ce grognon personnage aurait succombé à la débilité de sa constitution pendant le trajet.

Pour mieux faire apprécier la noble conduite dont il était l'objet de la part de ses commensaux, je vais rapporter une petite scène dont je fus témoin oculaire.

M. Boulard avait manifesté plusieurs fois le désir de manger des pommes de terre frites. Il était presque impossible de souscrire à ce désir dans la position où se trouvaient les passagers de l'entre-pont. Cependant Gilbert, un des deux commensaux de Boulard, entreprit la tâche difficile d'élaborer le mets désiré si passionnément. Il est juste de dire aussi que Gilbert était une de ces nobles créatures pétries avec cette pâte que Dieu choisit pour former la suprême bonté humaine. Pour bien convaincre le lecteur que je n'exagère pas les bontés de ce passager, il suffirait de mentionner le supplice que les hôtes de l'entre-pont enduraient au fourneau en plein vent sur lequel ils préparaient leur maigre pitance.

Mais comme il n'y a que la plume du Dante qui pourrait bien reproduire cette horrible situation, on comprendra que je doive m'abstenir de l'ébaucher.

J'en reviens donc simplement à ce mets pour lequel M. Boulard disait un jour qu'il sacrifierait volontiers la moitié du genre humain pour se le procurer à bord.

Plus généreux pour ses semblables que notre homme de mérite sans égal, Gilbert se sacrifia seul, lui, pour satisfaire l'envie passionnée de son indigne camarade. Voulant rapporter intact de la cuisine son chef-d'œuvre, et se frayer un passage sur le pont parmi les nombreux passagers qui s'y trouvaient, le bon Gilbert criait : *Gare la graisse !* de toute la force de ses robustes poumons.

A ces cris, M. Boulard, qui était étendu dans son grabat, se met sur son séant, et avance la tête dehors pour chercher du regard l'apparition de son dévoué cuisinier.

— Nedirait-on pas, murmura cet homme intraitable, qu'il apporte le dîner du pape au bruit qu'il fait sur son passage. C'est au moins une panade au biscuit qu'il vient de fricoter, j'en suis sûr.

Pour donner plus de prix à son dévouement, Gilbert n'avait pas dit un mot du tour de force qu'il venait d'accomplir en faveur d'un être pour lequel il avait la générosité de changer le mépris en pitié. Dès qu'il parut sur le haut de l'échelle rapide de la grande écoutille, Boulard le suivit d'un regard scrutateur, tout en donnant une gracieuse tournure au foulard de couleur incarnat dont sa tête blême et décharnée était coiffée.

—Allons, fit Gilbert, en déposant l'assiette de fer-blanc sur la couche du malade, régalez-vous donc cette fois comme un prince ; car il y a vraiment de quoi s'extasier devant ce plat de pommes de terre frites, tant elles sont bien réussies.

— Ah ! ah ! exclama Boulard d'un ton aigre-doux, je crois qu'il dit vrai, si mes yeux ne me trompent pas ; ce sont ma foi des pommes de terre frites.

On aurait pu faire erreur, en effet ; car ce n'était qu'à la faveur d'un faible filet de lumière qu'on pouvait discerner la nuance dorée du précieux tubercule. Comme il était dans le caractère de ce passager de blâmer tout ce qui n'était pas son propre ouvrage, il se garda bien de déroger à sa mauvaise habitude en cette circonstance exceptionnelle.

—La pomme de terre, dit-il en savourant avec avidité celles qu'on venait de lui donner, est le roi des légumes lorsqu'il est confié à des sommités culinaires. Mais si j'en juge par celles-ci, je ne crains pas de me tromper en vous disant, mon brave, que vous ne vous immortaliserez jamais en faisant de la friture. Ces pommes de terre sont vraiment détestables; on dirait qu'elles ont été saisies de frayeur dans la poêle, tant elles sont pâles.

—Il vous sied bien, dit Gilbert en souriant, de blâmer ce qui est pâle, vous, dont le teint est la fidèle image d'un fromage à la crème.

—L'homme ne peut se soustraire aux effets physiques du mal dont il est victime. Vous ne pouvez invoquer la même excuse, vous, pour le mastic que j'avale en ce moment, car il suffit d'un peu d'intelligence pour faire frire convenablement des pommes de terre.

Pour toute réponse à cette marque d'ingratitude, Gilbert se borna à saluer son interlocuteur en signe de remerciement sarcastique.

—Donnez-moi vite un verre d'eau rougie, si vous ne voulez pas que j'étouffe, fit impérieusement Boulard.

Gilbert s'empressa aussitôt de servir le verre de liquide demandé par son indigne commensal. Après avoir effectué cette irrigation dans la voie de l'estomac, Boulard reprit le thème de son mets favori sur le même ton.

—La pomme de terre bien frite, dit-il, doit croquer sous la dent comme la noisette, et en avoir le goût. Loin d'en être ainsi des vôtres, elles sentent la fumée et le graillon à plein nez, et sont pâteuses comme du mortier.

— Si jamais nous venons à faire naufrage, répond Gilbert en plaisantant, les requins qui vous mangeront ne se plaindront pas de vous trouver trop pâteux, vous, mon cher maître, je vous le garantis.

— Toutefois qu'il s'agira pour vous de dire de grosses bêtises, fit Boulard d'un air vexé, je sais d'avance que vous vous montrerez toujours à la hauteur de votre rôle.

— Enfin, vous me croyez donc bon à quelque chose, répliqua Gilbert d'un ton moqueur.

— Il vaudrait mieux vous appliquer à bien faire la cuisine qu'à faire de l'esprit pour vous abêtir davantage, riposta Boulard d'une voix sèche et fêlée par la maladie.

La ténacité que montrait ce malheureux à payer d'ingratitude les soins qu'on lui prodiguait, fit sortir en cette occasion le bon Gilbert de son imperturbable caractère. Il ne put s'empêcher de réfuter presque sérieusement les paroles insensées que son indigne camarade venait de lui adresser.

— Si je ne savais pas, dit-il, que l'air salin produit sur votre cerveau l'effet de l'acide nitrique, il y a longtemps, mon bourgeois, que je vous aurais envoyé à tous les diables. Mais je préfère endurer vos reproches injustes que de vous laisser mourir de faim dans votre sombre grabat. En vérité, je serais curieux de vous voir cuisiner à notre fourneau, où nous sommes suffoqués par la fumée et inondés par les vagues qui éteignent le feu à chaque instant. Si l'on vous donnait de pareilles corvées à remplir, vous feriez des grimaces, j'en suis sûr, à faire pouffer de rire une momie égyptienne.

— C'est bien, Monsieur, c'est bien ; à l'avenir j'avalerai votre graillonnage en silence pour me rendre digne

Un autre motif lui avait encore conseillé de faire ce long voyage de cette manière économique : il était le seul soutien de deux vieilles tantes auxquelles il avait eu la précaution de laisser la plus grosse part de ce qu'il possédait, afin de les mettre à l'abri de la misère, si des malheurs imprévus rendaient son retour impossible et transformaient son héritage en légers nuages du fameux Mississipi.

Le lecteur suppose peut-être que je tiens tous ces détails du docteur lui-même. Il faudrait avoir mal compris les justes éloges que je viens de faire de cet homme généreux, pour croire qu'il m'aurait dévoilé ainsi sa noble conduite sans autre motif que d'en tirer vanité. J'ai puisé ces renseignements d'un passager d'entrepont qui faisait le trajet en compagnie du bon docteur, et même à ses frais. Ce passager était, m'a-t-il dit, natif du même pays que M. Ruberac. En le voyant partir pour l'Amérique, il lui manifesta le regret de ne pouvoir, faute d'argent, aller chercher la prospérité dans le Nouveau-Monde. Là-dessus, le docteur lui dit de réunir la somme qu'il pourrait, et de se tenir prêt à faire route ensemble.

J'ai ramassé cent francs, ajouta ce jeune homme, et mon protecteur s'est arrangé de manière à me laisser cette somme intacte jusqu'ici. Je tâche, du moins, de lui prouver ma reconnaissance en me chargeant seul de la corvée de la cuisine ; mais j'ai été obligé de me fâcher tout rouge pour le forcer à me laisser cette occasion de m'acquitter un peu envers lui.

M. Ruberac s'était préservé de la couche commune de l'entre-pont à l'aide d'un hamac, dans lequel il reposait hygiéniquement près d'une écoutille. Pendant tout le cours de notre longue traversée, je ne saurais trop répéter que cet homme de bien n'a cessé de prodiguer les soins éclairés de sa profession à tous ceux qui en avaient besoin. Il faisait plus encore pour eux, puisqu'il leur donnait gratis les médicaments qui les pouvaient rappeler à la santé. Aussi, le modeste docteur de l'entre-pont n'était pas un homme pour ses humbles compagnons de voyage, c'était un de ces divins messagers que la Providence envoie de temps à autre pour soulager et consoler les mortels affligés.

M. LÉON.

Près du hamac où notre humble docteur goûtait le sommeil du juste, il y en avait un autre occupé par un jeune homme, dont la présence dans ce triste séjour offrait un contraste énigmatique. Chaque fois que mes regards rencontraient cet individu parmi cette multitude d'émigrants, je me demandais comment il s'était trouvé en lui assez de courage moral pour humilier ainsi sa vanité de lion provincial. Il faudrait, j'en suis sûr, faire bien des fois le voyage de l'Amérique pour retrouver un tel passager confondu avec les hôtes de l'entre-pont. C'est à peine si la chambre peut en attirer de pareils de temps en temps sous ses lambris dorés.

Le fait est que ce passager semblait avoir été créé pour servir de type à cette légion de bipèdes qui ont usurpé le nom du roi des quadrupèdes pour donner du prestige à leur nullité personnelle.

M. Léon avait une taille élancée, une marche indolente, des traits romanesques, couronnés par une magnifique chevelure *naturelle,* dont Louis XIV eût été jaloux, si ce jeune homme eût fait partie de la cour du roi, somptueux par excellence. Je n'ai jamais vu la grande tenue de ce passager ; mais d'après son négligé de voyage, je puis supposer que sa toilette aurait pu être remarquée sur le boulevard des Italiens.

Le matin, en sortant de son hamac, M. Léon mettait une superbe robe de chambre à grands ramages de couleurs vives. Une cordelière ornée de deux glands magnifiques contournait la taille de notre élégant. C'était dans ce costume pittoresque qu'il se rendait à la distribution de l'eau, tenant une petite dame-jeanne à la main. Cette corvée était la plus pénible que ce passager eut à remplir à bord, et je pense qu'il s'en fût dispensé avec quelques francs, s'il n'eût pas trouvé, en guise de compensation, un certain plaisir à profiter de cette occasion pour éclipser plus ostensiblement ses pauvres compagnons de voyage.

Une fois sa provision de liquide faite, notre jeune homme remontait dans sa couche suspendue pour s'y livrer, pendant quelques heures, à la lecture de romans échevelés dont il avait fait bonne provision. Ensuite, il déjeunait de succulentes conserves, dont il s'était amplement approvisionné pour ne pas souiller ses mains blanches en préparant sa nourriture. Ce repas terminé, M. Léon s'occupait de sa toilette. Son négligé de voyage était toujours irréprochable. Ses longs cheveux étaient surtout l'objet d'une attention particulière ; chaque jour, il les peignait à fond et les imbibait de parfums si prononcés, que le nez le plus indolent ne pouvait s'y soustraire.

Je présume que le lecteur s'est déjà demandé plus d'une fois le motif qui pouvait conduire cet intéressant passager dans le Nouveau-Monde. Cette lointaine excursion du beau Léon ayant piqué ma curiosité, j'ai donc cherché à en pénétrer la cause ; et je confesse humblement que ma perspicacité s'est évertuée en vain pour la dévoiler.

J'ai donc été obligé de faire une enquête secrète pour savoir que ce romanesque jeune homme avait un but commercial en se rendant aux États-Unis. Il y portait une modeste quantité de bouchons et de semelles de liége provenant, disait-il, de la fabrique de son père, située vers les frontières de l'Espagne. Il est vrai qu'il se fait un commerce assez considérable de bouchons de liége entre la France et l'Union-Américaine ; mais je doutais, en considérant les allures de cet élégant passager, qu'il eût les qualités requises pour donner de l'essor au commerce de son père dans cette région d'outre-mer. Plus tard, j'aurai l'occasion de prouver que j'avais apprécié ce jeune lionceau à sa juste valeur. Toutefois, je dois dire d'avance que sa présence fut un coup de fortune pour mon livre ; car il m'a procuré un incident dont le récit ne peut manquer d'intéresser vivement le lecteur.

M. CHOUFOUINE.

L'aspect de notre navire avait bien quelques rapports avec l'arche de Noé. Sur le pont se trouvaient installés une vache, douze moutons, six cochons, deux ou trois grandes cages de volaille, et cinq ânes de la plus belle espèce appartenant à un riche fermier du Kentucky. Ces cinq quadrupèdes avaient été confiés aux soins de M. Choufouine, passager de l'entre-pont; et je dois dire en toute justice qu'il était digne du choix qu'on lui avait accordé sur ceux qui avaient sollicité son poste de gardiens d'ânes. Rien n'était plus touchant que de contempler ce passager dans l'accomplissement de ses pénibles fonctions de palefrenier. La plus tendre des mères ne peut montrer un dévouement plus affectueux envers sa progéniture que M. Choufouine n'en manifestait envers ses cinq pensionnaires aux longues oreilles, à la voix sonore, mais anti-musicale. Aussi, Dieu seul sait tout ce que ce brave garçon a supporté de fatigue, soutenu de luttes avec ses compagnons de voyage pour mener ses cinq bêtes au lieu de leur destination. Ayant, disait-il, une grande sympathie pour les bêtes, c'eût été pour lui une jouissance de soigner ces cinq ânes, si les passagers de l'entre-pont n'eussent pas trouvé plaisir à les tourmenter.

M. Choufouine eut condamné moins sévèrement la conduite de ses camarades envers ses pensionnaires, s'il eût considéré impartialement la place qu'ils occupaient sur le pont. Toute la partie du navire où ces pauvres gens pouvaient se donner un peu d'exercice et respirer le bon air étant encombrée, ils se perchaient où ils pouvaient quand le temps leur permettait de séjourner sur le pont. Les plus espiègles se faisaient souvent une douce récréation d'enfourcher les quadrupèdes de notre intrépide palefrenier. Ces mauvais plaisants ne se bornaient pas à se jucher sur ces innocentes bêtes; ils aggravaient cette oppression en leur tordant les oreilles et en les excitant du geste et de la voix à prendre leur essor.

C'était alors que le pauvre Choufouine, d'aussi loin qu'il pouvait apercevoir les coupables, leur criait d'une voix navrée de douleur, en volant comme une flèche au secours de ses pensionnaires :

— Voulez-vous laisser mes ânes tranquilles, tas d'imbéciles que vous êtes! Si je vous attrape dessus, je vous lance dans la mer pour servir de pâtée aux requins!

Les persécuteurs ne tenant presque jamais compte des menaces de Choufouine, celui-ci les prenait facilement en flagrant délit, et il s'ensuivait des rixes, où le zélé palefrenier ne sortait pas toujours triomphant, malgré la vigueur de son bras, et l'usage énergique qu'il en faisait dans ces fâcheuses occurrences.

Plus tard, j'aurai l'occasion de mentionner la récompense que l'héroïque conduite de ce passager lui a value de la part du propriétaire des quadrupèdes qu'on avait confiés à ses soins empressés.

M. JAROTTI.

Ce passager représentait parmi nous l'art chorégraphique. L'Italie était sa patrie; et, fatigué d'y végéter, il était venu d'abord tenter fortune en France; mais l'aveugle déesse lui ayant tenu rigueur dans la capitale du monde civilisé, notre artiste s'est alors déterminé à franchir les mers dans l'espérance de voir son mérite mieux apprécié par les peuples de ces lointaines contrées.

M. Jarotti était un de ces rares artistes qui consacrent exclusivement la somme entière de leur intelligence à la gloire de leur profession. La grâce et la souplesse du corps étaient pour lui les plus précieuses qualités qu'une créature humaine pût ambitionner pour être admise au rang des gens bien nés et bien élevés.

Complétement absorbé par ses exercices chorégraphiques, M. Jarotti ne connaissait rien de ce qui compose l'éducation d'une personne cultivée. Il se rendait en Amérique, parce qu'il avait entendu dire que ce pays possédait en abondance des mines de métaux précieux, et que tout le monde ne savait que faire de ces prodigieuses richesses. Conséquemment, il pensait que d'aller dans un tel pays suffisait pour regorger d'or et d'argent et revenir en Europe millionnaire.

Ayant entendu notre artiste se nourrir de ces douces

illusions, M. Pointillard se fit un plaisir de mettre un terme à ce bonheur chimérique. Mais au lieu d'éclairer notre maître de danse, le facétieux Pointillard ne faisait que compliquer son ignorance en exagérant la véracité de ses renseignements. Jarotti pensait que les Américains avaient tous la couleur du nègre. Pour le convaincre du contraire, notre ex-commis voyageur lui offrit un spécimen de la race du pays dans la personne du capitaine de notre navire.

—Les Américains, disait un jour Pointillard à Jarotti, estiment médiocrement les gens de votre profession. La danse est considérée par eux comme un amusement immoral, une source de corruption, de paresse et de misère. La Nouvelle-Orléans, ayant appartenu à la France, est la seule ville des États-Unis où l'on ose danser le dimanche. Cette restriction suffira sans doute pour vous prouver la déconsidération que professent les Américains pour votre art.

—Mais pourquoi n'y danse-t-on pas le dimanche? demanda Jarotti d'un air stupéfait.

—On trouve en ce pays, reprit Pointillard, que c'est un crime abominable. Le dimanche, disent les Américains, fut institué par Dieu pour être consacré au repos et à la prière. Je ne sais si tout le monde prie le dimanche aux États-Unis; mais il est certain que personne n'y travaille.

—Ah! si j'étais roi de ce pays-là, je mettrais bon ordre à cette triste manière de célébrer le dimanche, fit Jarotti en poussant un gros soupir de déception.

—Il n'y a pas de roi en Amérique; c'est un meuble inutile et trop dispendieux pour le ménage national, disent les Américains, répliqua le grand Pointillard en approuvant sa réponse par un malin sourire.

— Pas de roi, pas de cour; pas de cour, pas de luxe; pas de luxe, pas de fête; pas de fête, pas de bal; pas de bal, pas de danse; donc les gens de ma profession ne peuvent que mourir de faim dans ce pays de sauvages, s'écria le pauvre Jarotti d'une voix désespérée.

Là-dessus le malheureux artiste se retira dans l'entre-pont pour y cacher sa douleur et son ignorance. Son interlocuteur, de son côté, rentra dans la dunette en se frottant les mains d'un air radieux pour s'être récréé un moment en troublant le bonheur d'un de ses compagnons de voyage.

LE PÈRE DUBOIS.

Ce passager était un type curieux des vieux soldats de l'empire. Il était entré au service au moment où l'étoile du grand Napoléon commençait à pâlir. Il avait, disait-il, contribué à la chute de Saragosse, et ce fut pour cette héroïque coopération que ses compagnons de voyage lui donnèrent le surnom de cette ville à jamais célèbre pour ses malheurs pendant son siége terrible. C'est donc sous ce nom que je dois désormais désigner ce vieux brave.

Le père Saragosse avait la face osseuse et basanée, les cheveux rares et givrés, la taille au-dessus de la moyenne; et, comme il le disait si martialement, il se croyait encore capable de faire le coup de fusil aussi crânement que le plus fameux grognard de l'armée actuelle, quoique d'un âge à mériter un siége sous le dôme des Invalides. Le père Saragosse avait l'humeur joyeuse, le cœur sensible et l'esprit chatouilleux, seulement dans les discussions qui roulaient sur les revers de l'armée française. Il ne voulait jamais convenir que les Français eussent été battus ni vaincus, conséquemment, pas même à Waterloo.

Si le maître d'hôtel de la chambre n'avait pas pris le père Saragosse sous son égide, le pauvre homme aurait peut-être enduré de plus grandes privations pendant la traversée que dans sa carrière militaire. Le maître d'hôtel d'un navire comme le nôtre est un personnage important que tous les passagers, sans même en excepter ceux de la dunette, courtisent dans l'espoir d'en obtenir des faveurs culinaires.

Pour toute provision, le père Saragosse avait embarqué une vingtaine de livres de biscuit et un boisseau de pommes de terre. Instruit de ce dénûment, le maître d'hôtel lui accorda le poste de laveur de vaisselle supplémentaire.

Cette humble promotion rendit le père Saragosse plus heureux qu'un prince, bien que cet emploi lui valut la sotte épithète de général *Graillon* de la part de ses camarades, jaloux de la nourriture abondante dont se gorgeait alors l'ex-troupier de la grande armée.

Je dois dire, à la louange du père Saragosse, qu'il s'acquitta jusqu'à la fin de ses modestes fonctions avec un zèle, une propreté qui lui attirèrent les éloges mérités de ses supérieurs. Il polissait les casseroles avec une agilité et une précision qui révélaient au premier coup d'œil un homme habitué à jouer de la clarinette de cinq pieds sur le champ de bataille, ainsi qu'il se vantait souvent lui-même d'en savoir jouer proprement.

LE MENDIANT SPÉCULATEUR.

Ce passager aurait dû suivre dans cette liste le maître de danse que j'ai esquissé plus haut, puisque ces deux émigrants étaient nés dans le même pays, sous le même ciel bleu de cette belle Italie, si poétique, si artistique; mais encore plus pauvre, plus ignorante et plus dégradée par suite des mauvaises institutions qui la régissent.

N'ayant pas souvenir du nom de ce passager, je lui ai donné le titre de *Mendiant Spéculateur ;* car étant perclus des deux jambes, il avait depuis longtemps exercé la mendicité comme un laborieux ouvrier exerce une profession pour en vivre honorablement.

Il ne faut pas confondre le pauvre avec le mendiant. Le premier ne se résigne à mendier que pour ne pas mourir de faim ; l'autre, au contraire, choisit la mendicité pour bien vivre d'un lucre qui ne coûte que de la bassesse, de l'hypocrisie et une douce paresse, dans laquelle s'endort, pour ne jamais se réveiller, la dignité humaine, comme le ver à soie dans son cocon. Il y a des lois, aux États-Unis, qui refusent l'admission des vieillards et des estropiés étrangers n'ayant pour vivre d'autre ressource que la mendicité. Les capitaines qui reçoivent dans leurs navires des émigrants de cette catégorie, sont passibles d'une amende proportionnée aux frais qu'exige le retour, dans leurs pays respectifs, des passagers en question. Mais les lois de cette nature rigoureuse étant toujours exécutées, aux États-Unis, avec beaucoup de mansuétude, il faut qu'un émigrant soit bien disposé à sortir de ce pays par la porte de l'expulsion pour ne pas trouver moyen de rester dans sa patrie adoptive.

Le mendiant qui fait le sujet de cette digression s'était donné la profession de tailleur d'habit ; je crois même qu'il avait dit un peu vrai sur ce point ; mais cette profession n'était invoquée par lui que pour mieux dissimuler celle qu'il exerçait de préférence par amour pour la paresse et pour les ressources qu'il en obtenait.

La physionomie de ce passager infirme était rayonnante de joie intérieure. Sa tête offrait le vrai type du mendiant des contrées méridionales de notre vieille Europe. L'infirmité de ce malheureux avait pris naissance dans le sein de sa mère, puisqu'elle consistait dans une complète inertie des jambes, provenant de la flexibilité des os.

Au premier coup d'œil on pouvait, sans être médecin, se rendre compte de la nature de la perclusion de cet infortuné. Mais il n'en persévérait pas moins à se donner comme ancien marin, et victime d'une chute qu'il avait faite du haut des vergues en exécutant une manœuvre par une tempête. Pour donner plus de probabilité à cette histoire, il portait un costume de matelot, sans omettre le chapeau ciré qui complète la mise d'un homme de cette profession.

Il me fit cette histoire, comme à tout le monde, la première fois que je parlai avec lui. Mais lui ayant d'abord fait observer qu'une chute pouvait casser les jambes et non les ramollir ni les rendre flexibles comme une branche d'osier, il n'osa pas persévérer à me convaincre ; il finit même par me confesser tout bas que ce petit mensonge, ne faisant de mal à personne, lui avait déjà fait beaucoup de bien, à lui, en apitoyant les braves gens sur son sort.

Pour adoucir la rigueur avec laquelle la nature l'avait traité dès sa naissance, il s'était donné une compagne qui lui prodiguait des soins bien précieux dans un tel voyage. Ne voulant laisser planer aucun soupçon flétrissant sur le caractère de cette compagne, il ne manquait jamais de saisir l'occasion de la proclamer sa légitime épouse, de laquelle il avait un gros garçon de deux à trois ans, faisant la traversée avec ses parents, et contribuant, dans une grande mesure, au bonheur dont ces derniers jouissaient à bord. Les forces robustes de cet enfant indiquaient qu'il ne subissait, ni n'avait jamais subi de grandes privations matérielles. Du reste, la mère était une jeune et vigoureuse femme, et le père, abstraction faite de ses jambes, avait une tête et un buste d'hercule. Je ne sais si ce mendiant était légitimement uni à la femme qui l'accompagnait, mais il est certain, du moins, que l'enfant lui ressemblait de manière à s'en pouvoir attribuer la paternité sans craindre de se la voir contester par la malveillance, faute de rapports physiques entre eux.

Ce passager était de la Toscane, d'où il était venu jusqu'au Hâvre, avec sa famille, dans une petite charrette traînée par un âne. Dans ce trajet, il a reçu, m'a-t-il dit, des bonnes âmes charitables, assez pour payer son passage et ceux de sa femme et de son fils à l'entre-pont, et les vivres nécessaires pour alimenter ces trois personnes pendant cette longue traversée. Ces dépenses acquittées, il lui est resté encore cent cinquante francs de la recette qu'il avait faite en se rendant de son pays au Hâvre, et cette somme était réservée pour faire face aux premiers besoins de son arrivée à la Nouvelle-Orléans. Si les pauvres ont à se plaindre de la charité des bonnes âmes, les mendiants n'ont qu'à s'en louer. Cette assertion n'a rien de paradoxal ; c'est une vérité constatée depuis longtemps par les gens de bien qui ne font pas toujours partie des *bonnes âmes*. Celles-ci ne donnent guère qu'à ceux qui leur tendent la main, et les autres s'attachent à ne donner, au contraire, qu'aux infortunés qui n'osent la tendre. C'est là que se cache le secret de venir dignement en aide à ses semblables dans le malheur.

Pour terminer cette esquisse biographique, je dirai que notre mendiant italien était un des plus heureux passagers de l'entre-pont. Dans l'intérêt de son bonheur, il était parvenu à faire accepter les services de sa femme pour traire et soigner la vache qui fournissait du lait à la chambre. Cette position de vachère improvisée exerçait une douce influence sur l'existence de notre personnage et celle de son gros garçon. L'un recevait journellement de bonnes tranches de jambon et de pain frais ; et l'autre, en sus de ces substantielles provisions, dégustait soir et matin, à la dérobée, il est vrai, une bonne tasse de lait chaud sortant du pis de la vache. Il n'est pas un passager, ni une passagère de l'entre-pont qui n'eût consenti à traire et soigner dix vaches pour jouir d'un tel confort. Quand je félicitais cet heureux mendiant sur les douceurs dont il jouissait, il me répondait :

— Dieu est juste, Monsieur, en m'accordant ses faveurs. C'est le moins qu'il puisse faire pour un homme qui n'a pas de jambes ; mais croyez bien que je ne suis pas ingrat envers le Créateur, car je le remercie chaque jour pour m'avoir donné une si bonne compagne, une femme vraiment angélique qui sait se faire aimer de tout le monde. Tout le monde l'adore ici, sans en excepter les matelots, qui sont pourtant des gens bien rudes à bord d'un navire.

Je dois dire, en effet, que la femme de ce passager était très-bien avec le maître d'hôtel, et la mutuelle sympathie qu'ils ressentaient avait pour effet la distribution de jambon, de pain et de lait tiède que cette bonne mère et tendre épouse distribuait à sa famille.

MONSIEUR ET MADAME BIBI.

Les extrêmes se touchent, dit un vieil axiome, et je suis tenté de croire que c'est pour lui donner raison une fois de plus que monsieur et madame Bibi se sont enchaînés par les doux liens de l'hymen. Par le mot *extrême,* qu'on ne suppose pas que je veuille dire que ce couple ne s'est rencontré sur le chemin de l'amour que par suite d'un long trajet que nos amoureux avaient fait pour s'éloigner l'un de l'autre, comme semble l'indiquer l'axiome que je viens de citer, on me comprendrait mal si l'on interprétait ainsi mes paroles : ce n'était que sous le rapport physique que monsieur et madame Bibi faisaient contraste ; mais en les considérant au moral, on était promptement convaincu de la bonne harmonie conjugale qui régnait entre eux. Je pourrais même ajouter, sans me faire taxer d'exagération, que ce couple avait quelque chose de phénoménal au physique comme au moral. Qu'on en juge plutôt par ce qui va suivre.

Madame Bibi était favorisée d'une taille qui donne des droits incontestables à tenir le sceptre d'un tambour major ; mais je dois avouer que cette haute stature manquait d'ampleur, ce qui valait à madame Bibi les mauvaises plaisanteries des critiques de l'entre-pont. Ces mauvais plaisants allaient même jusqu'à conseiller à cette dame de recourir à l'artifice pour suppléer aux plus visibles omissions de la nature. Mais madame Bibi ne manquait jamais de repousser ces étranges et audacieux conseils avec toute l'indignation qu'on pouvait attendre d'une femme supérieure et vertueuse.

— Moi! recourir au postiche, s'écriait-elle en laissant tomber un regard de dédain sur son interlocuteur, me barder de coton et de jupons mensongers pour me donner des charmes aux yeux des autres ! j'en serais bien mortifiée, par exemple. Non, non, mille fois, je ne veux rien changer aux formes que je tiens de dame nature ; si j'ai des défauts, c'est sur elle que doivent tomber les plaisanteries qu'on m'adresse, et non sur moi. D'ailleurs, je le répète, je ne veux et ne désire que plaire à mon petit chéri; quant au reste, je m'en moque comme de mes premiers souliers.

Et là-dessus, madame Bibi prenait ordinairement son petit chéri par la tête et le gratifiait d'une série de baisers conjugaux qui faisaient venir l'eau à la bouche à tous les célibataires qui en étaient témoins. Ces amoureux transports attiraient bien un peu les sarcasmes de quelques maris à cette tendre épouse; mais elle n'en tenait pas compte, sachant qu'ils n'étaient que l'effet d'une basse jalousie.

Madame Bibi pouvait se flatter d'être une femme grande, mais elle n'avait pas le droit de se croire une belle femme. Cependant, elle aurait pu dire à ceux qui riaient de ses imperfections physiques, ce qu'un ambassadeur de Byzance, en pareil cas, répondit aux Athéniens :

— Vous riez de ma laideur? dit-il ; hélas! que feriez-vous donc si vous voyiez ma femme?

En substituant le mot mari à celui de femme, madame Bibi aurait pu faire usage de cette spirituelle repartie.

En effet, M. Bibi, outre l'extrême exiguité de sa taille, avait encore le malheur d'être affligé d'une éminence dorsale dont le cône s'élevait presque au niveau de la tête. Les traits du visage de ce passager concordaient avec les autres désavantages de son physique. Sa bouche était grande, ses dents étaient rares, et son nez n'avait rien qui pût lui donner lieu d'espérer de figurer dans un portrait d'Apollon; mais en récompense, il avait une touffe de cheveux noirs si abondante qu'elle lui envahissait presque tout le front. En un mot, on aurait cru que la nature avait pétri ce passager dans un accès de colère avec les rognures du genre humain.

Madame Bibi aimait son mari, parce qu'il avait des qualités solides : la beauté passe, mais le mérite personnel reste. Les lois de l'attraction avaient fait le bonheur de cet humble couple en jetant le petit Bibi dans les bras de cette femme géante, qui l'avait d'abord reçu par pitié, et ensuite par affection. Il était d'autant plus facile à ces deux créatures exceptionnelles de se rencontrer et de s'apprécier réciproquement, que l'un était bottier très-habile, et l'autre piqueuse de tiges non moins recommandable par son talent. On comprend la facilité qu'un bon ouvrier bottier a d'établir des rapports avec une excellente piqueuse de tiges ; et ces rapports professionnels ont naturellement conduit nos deux personnages devant le magistrat qui unit les cœurs par des liens indissolubles.

Si parfois le ciel conjugal de ce couple exemplaire s'obscurcissait de nuages fugitifs, la cause venait de M. Bibi, qui avait la faiblesse de s'abandonner, de temps en temps, à des habitudes qu'on ne doit trouver que chez un savetier. Ces habitudes, disons-le franchement, consistaient, chez M. Bibi, à négliger l'usage du mouchoir et à en confier le rôle à ses doigts. Dès que madame Bibi surprenait son mari en flagrant délit de cet incurable penchant, le rouge lui venait à la figure ; elle ne pouvait s'empêcher de blâmer son petit mari avec une douceur digne d'opérer la réforme qu'elle prêchait, si le mal n'eût pas été incurable par la force de l'habitude qui, comme on le dit fort bien, est pour nous une seconde nature.

— Mon trésor, disait madame Bibi, si tu voulais oublier cette manière de te moucher, je t'adorerais, vois-tu, au lieu de t'aimer. Rappelle-toi donc bien que madame Saindoux, notre meilleure amie, te répétait souvent que le talent grandit encore quand il est accompagné de bonnes manières. Mon agneau, tu ne dois pas mépriser les conseils d'une femme qui nous aimait comme ses propres enfants, et qui lisait les livres de Voltaire et de J.-J. Rousseau comme on lit dans un *A, B, C*. Allons, mon Cupidon, promets-moi de renoncer à cette mauvaise habitude, et je te pardonne les torts que je te reproche.

Le petit Bibi promettait chaque fois, et sans doute avec le désir sincère de tenir sa parole ; mais il retombait toujours dans le même péché, quoique chacune de ses faibles promesses lui eut valu un tendre baiser conjugal. Peut-être que sans cette douce faveur, il eût pu recueillir en lui assez de résolution et de courage pour se corriger d'une faute qui pouvait le faire confondre avec les simples savetiers de la Nouvelle-Orléans : le fait est qu'il oubliait souvent à bord de faire usage de son mouchoir, le petit Bibi.

LA JEUNE FILLE INCONNUE.

Dès la première fois que je visitai l'entre-pont, je remarquai, près de la petite écoutille, une cabine parfaitement close et isolée. Cette cabine contrastait si fort avec les misérables couches dont l'entre-pont était ensombré, que je ne pus m'empêcher de commettre l'indiscrétion de chercher à pénétrer le mystère qu'elle semblait celer. Mais j'en fus pour mes frais d'enquête; car je ne pus apprendre que ce que tout le monde savait à l'entre-pont, que cette cabine était occupée par une jeune fille qui semblait appartenir à la classe aisée, sinon riche, de la société. Elle était accompagnée par un vieillard fort respectable de manières et d'apparence. Les uns disaient que ce digne vieillard était le père de la mystérieuse jeune fille, d'autres se bornaient à le faire passer pour un fidèle serviteur. En tous cas, il couchait dans un hamac à côté de la cabine en question, et semblait veiller à ce que rien ne pût venir troubler la solitude de celle qu'il accompagnait.

Voilà tout ce que je puis dire pour le moment sur le compte de cette mystérieuse passagère, mais j'espère pouvoir plus tard déchirer un coin du voile dans lequel elle s'enveloppe si soigneusement.

CHAPITRE XII.

Les sympathies et les antipathies.

C'est ici seulement que commence l'histoire de la traversée; et tout ce que je vais raconter est de la plus rigoureuse exactitude pour ce qui touche nos compagnons de voyage.

Désirez-vous connaître à fond et promptement le caractère d'une personne? Pour atteindre ce but difficile, vous n'avez qu'à faire ensemble un voyage de long cours. Pendant une traversée de cinquante à soixante jours, comme la nôtre, l'on est presque certain de pouvoir découvrir tout le bon et le mauvais que renferme le cœur d'un compagnon de voyage. Le début de ce genre d'excursion est toujours marqué par les égards les plus empressés que les passagers se prodiguent à l'envi les uns les autres; mais cet âge d'or est de courte durée. Cette conduite se prolongerait peut-être aussi longtemps en mer qu'ailleurs, si l'on pouvait se perdre de vue, rester quelques jours éloignés de ses compagnons; mais comme à chaque pas, à chaque minute on se rencontre, on se coudoient, on se gêne, l'étiquette imposée par les convenances disparaît peu à peu pour faire place à une certaine familiarité qui engendre toujours la discorde, sinon le mépris.

— Voyez donc, disait un jour la belle Créole à M. Alfred, comme le capitaine fait l'aimable, l'empressé avec cette petite modiste. Cette conduite est d'une inconvenance intolérable ici de la part d'un homme qui doit donner l'exemple du respect et de la bienséance.

Certes, M. Alfred ne partageait pas les susceptibilités de sa charmante interlocutrice, sur le chapitre du moins de la galanterie du capitaine; mais, par politesse, il approuva cette censure féminine.

Cette jolie Créole ne pouvait se choisir une plus digne antagoniste que la petite modiste parisienne. Les propos que je viens de rapporter étant arrivés promptement à leur adresse, notre gentille compatriote ne fut pas longue à donner sa réponse.

Si cette intéressante Louisianaise, dit-elle, savait le prestige suranné que les femmes du grand monde exercent sur les modistes parisiennes, elle se dispenserait de prendre ses grands airs de supériorité envers moi, car plus elle fait la fière, la dédaigneuse, plus elle s'abaisse à mes yeux. Chère petite, va! que tu es intéressante à contempler! Ton allure est si nonchalante, qu'on croirait que tu nous fais une faveur insigne en daignant marcher seule.

D'un autre côté, MM. Pointillard et Pochelardon ne se traitaient guère plus charitablement. Étant tous les deux importateurs de nouveautés à la Nouvelle-Orléans, la jalousie professionnelle leur suscitait sans cesse force propos malveillants qu'ils tenaient l'un contre l'autre. Pointillard laissait comprendre, par exemple, que son concurrent ne faisait pas des affaires aussi florissantes qu'il le voulait faire croire. Pochelardon répétait sans cesse que les beaux parleurs étaient habituellement des commerçants qui savaient mieux trouver le chemin de l'hôpital que celui de la fortune. Pommardin s'occupait, lui, à rivaliser d'élégance avec le bel Alfred, et à lutter victorieusement contre ce dernier sur le terrain de la galanterie. Au début du voyage, notre artiste en cheveux s'attacha aux pas de la petite modiste; mais ayant eu le malheur de voir dédaigner ses amoureuses attentions, il s'en vengea en les offrant à mademoiselle Valentina, qui ne les reçut pas moins froidement.

Ces deux échecs blessèrent profondément l'amour-propre de M. Pommardin, et, pour s'en consoler, il se sera sans doute dit : — Se je ne puis captiver le cœur de ces deux passagères, je puis du moins médire de leur vertu.

En effet, notre élégant coiffeur eut un jour une conversation avec M. Pointillard, dans laquelle la nièce de M. Dupart ne fut pas épargnée.

— Que pensez-vous de mademoiselle Valentina? dit Pommardin à Pointillard d'un air insinuateur.

— J'en pense tout ce qu'on peut penser d'une jeune et jolie femme, répondit l'ex-commis voyageur.

— Bien dit. Je vois que vous craignez de vous compromettre, répliqua le coiffeur.

— Peur de me compromettre! Pointillard n'a peur de rien; sachez-le donc une fois pour toutes.

— Je puis vous en dire autant. C'est pourquoi j'ose vous assurer, moi, que mademoiselle Valentina est quelque chose de plus et de moins qu'une nièce pour M. Dupart, fit Pommardin.

— C'est possible. Mais quel mal y a-t-il à cela? répondit Pointillard, qui idolâtrait la contradiction.

— Quel mal il y a? J'en trouve toujours chez une femme qui cache ses vices sous le masque de la vertu. Tranchons le mot; l'ex-colonel de l'empire est tout bonnement l'amant de mademoiselle Valentina, répondit le coiffeur.

— C'est possible, et je suis sûr que vous trouveriez son crime moins grand si vous étiez à sa place, dit l'ex-commis voyageur avec cette logique dont il écrasait toujours ses contradicteurs.

Et cette réponse parut si triomphante à M. Pommardin, qu'il abandonna aussitôt la conversation.

M. Dantilignac ne se gênait guère plus pour manifester l'antipathie qu'il avait pour M. Alfred. Il me disait un jour, en parlant de ce jeune homme :

— Je serais curieux de savoir ce que ce faquin va faire en Amérique. C'est peut-être pour se soustraire aux poursuites de ses créanciers. Tous ces mirliflores trouvent crédit chez les tailleurs, les restaurateurs, les cafetiers, tandis qu'un honnête et laborieux ouvrier meurt souvent de faim, faute de pouvoir obtenir la confiance d'un boulanger. Ce fat d'Alfred m'est d'autant plus insupportable qu'il empoisonne la dunette des odeurs dont il s'imbibe ; quand je suis près de lui, je crois me trouver dans le laboratoire d'un parfumeur.

M. Dupart ne voyait pas notre lion parisien d'un œil moins défavorable que M. Dantilignac. Mais comme le bel Alfred et la charmante Valentina semblaient saisir toutes les occasions de s'entretenir tête-à-tête, l'antipathie de l'ex-colonel nous paraissait mieux justifiée que celle de notre négociant gascon. Celui-ci disait souvent, pour stimuler encore la jalousie de M. Dupart :

— Il est heureux pour ce damoiseau que je n'aie ni femme, ni fille, ni nièce à protéger ici, car il s'attirerait une mauvaise affaire s'il venait leur roucouler ses impertinentes galanteries aux oreilles.

M. Dupart paraissait vivement touché de cette belliqueuse observation, mais nous ne pouvons dire si c'était à titre d'oncle ou d'amant de la belle Valentina.

CHAPITRE XIII.

Une fête improvisée en l'honneur du papa Colin.

On avait érigé sur le pont, en plein air, un fourneau pour servir de cuisine aux passagers d'entre-pont. Non-seulement cette cuisine était fort mal construite, mais encore insuffisante pour répondre aux besoins d'une si grande multitude. Pendant les treize jours que les vents nous retinrent dans la Manche, à louvoyer des côtes de France à celles de l'Angleterre, ce fourneau ne provoqua aucun désordre; mais dès que nous eûmes un temps favorable, les indispositions cessant et l'appétit revenant aux invalides, tout le monde se précipita à la cuisine pour satisfaire cet appétit : ceux qui n'y pouvaient trouver place cherchaient querelle aux autres, et presque toutes ces disputes se terminaient par des voies de fait.

Ces rixes, devenant de plus en plus fréquentes, le capitaine ordonna au second de prendre telle mesure qu'il jugerait convenable pour les faire cesser sans délai. Cette mission était aussi difficile que délicate à accomplir. Le succès m'en paraissait d'autant plus douteux, que je croyais que cet officier recourrait à la violence pour l'obtenir. Tout autre qu'un Américain eût sans doute pris ce dernier parti ; mais notre républicain eut la sagesse et le bon esprit de faire appel à la raison : il invita, ou plutôt il ordonna aux passagers de l'entre-pont de désigner, par voie d'élection, celui d'entre eux tous qu'ils croyaient le plus digne de les administrer. En agissant ainsi, cet officier donnait une preuve de plus du respect que l'on professe en Amérique pour le suffrage universel.

Les hôtes de l'entre-pont s'empressèrent donc de procéder à l'élection d'un chef qu'ils appelèrent PRÉSIDENT. Après une petite conférence entre les Allemands et les Français, qui formaient presque la totalité des passagers, le nom de M. Colin sortit unanimement de l'urne électorale.

Ce choix faisait autant d'honneur à ceux qui l'avaient fait qu'à celui qui en était l'objet; car personne n'était plus capable ni plus digne de remplir ce difficile et pénible emploi que M. Colin. Non-seulement à cause de son humeur anti-belliqueuse, de son caractère enjoué et conciliateur ; mais encore parce qu'il avait l'inappréciable avantage de pouvoir s'exprimer en allemand aussi bien qu'en français, sinon mieux.

Pour donner plus d'importance à cette élection, l'officier qui l'avait ordonnée la sanctionna publiquement : c'est-à-dire qu'il réunit sur le pont tous les électeurs ; leur fit former un cercle au milieu duquel il se plaça avec M. Colin, et déclara à haute voix que désormais ils devaient tous à leur élu obéissance et respect ; que les mesures qu'il prendrait pour faire régner la paix, l'ordre et l'union seraient toutes approuvées par le capitaine. Ces paroles étaient à peine prononcées qu'elles furent accueillies par un tonnerre d'applaudissements de la part de l'auditoire. Et une ère nouvelle commença pour la gent de l'entre-pont.

Cette formalité accomplie, les administrés de M. Colin s'occupèrent de l'installation de leur magistrat. Ils résolurent à l'unanimité de lui offrir un festin composé de la meilleure partie de leurs maigres provisions. Jamais élu du peuple ne provoqua une plus sincère et plus vive allégresse. Aussi, malgré toute la modestie dont la nature avait doué M. Colin, ne put-il empêcher de laisser paraître sur sa figure joviale un rayon d'amour-propre satisfait, pendant qu'il adressait à ses administrés ce petit discours de remerciement :

— « Mes chers camarades, dit-il d'une voix pleine de bonté paternelle, si j'ai accepté le poste difficile que vous venez de me confier, c'est pour vous mieux prouver le désir que j'ai de vous être utile. Mais si vous voulez que désormais la paix, la concorde règne parmi nous, vous devez seconder tous les efforts que je ferai pour atteindre ce but. Si vous me refusez votre assistance, je vous déclare, mes amis, que je me désisterai des pouvoirs que je tiens de votre volonté unanime. Vous m'entendez, mes enfants, c'est seulement à cette condition que je consens à sacrifier mon propre repos pour vous procurer la tranquillité qui vous manque. »

Cet humble magistrat avait à peine cessé de parler, que tout le monde promit de le seconder avec zèle et respect dans ses difficiles fonctions.

Après s'être éclairé des plus sages avis de ses administrés, M. Colin fit paraître une ordonnance en français et en allemand, qu'on afficha dans l'entre-pont près des écoutilles, afin que le jour pût permettre à chacun de ses administrés de la lire. Cette ordonnance révèle trop de capacités administratives pour que j'omette de la faire connaître au lecteur.

— « Nous, Colin (Jean-Guillaume), en vertu des pouvoirs que nous tenons des passagers d'entre-pont, nos amis et compagnons de voyage, et du capitaine et autres officiers du bord, nous avons ordonné et ordonnons ce qui suit :

« 1° Dans les quarante-huit heures qui suivront l'apposition de cette ordonnance, il sera fait un recensement exact des passagers de l'entre-pont, afin que nous puissions, d'une manière certaine, nous assurer si les couches sont réparties avec justice et équité.

« 2° Ceux qui vivent en communauté sont priés de nous en informer sans délai, afin qu'à l'avenir nous puissions délivrer à un seul membre desdites communautés les rations d'eau et de bois auxquelles a droit chacun de ceux qui les composent.

« 3° Deux passagers seront désignés à tour de rôle, par nous, chaque matin, pour nettoyer les cabinats d'aisances. Mais il est bien entendu que les femmes, les enfants et les vieillards seront exempts de cette pénible corvée.

« 4° Pour mettre un terme aux rixes et aux désordres suscités par l'insuffisance d'espace de la cuisine, chacun de nous aura le privilége, désormais, d'y préparer, à tour de rôle, ses repas, dès que la distribution du combustible et de l'eau qu'on nous accorde sera faite.

« 5° Celui qui troublera la paix et la bonne harmonie parmi nous, pour quelque motif que ce puisse être, sera d'abord privé d'une ration de bois, et passible d'une corvée hors de tour. La récidive sera punie de huit jours de corvée; mais ce châtiment ne s'étendra jamais jusqu'aux femmes, si, contre notre attente, elles s'en rendaient passibles, en oubliant le respect qu'elles se doivent à elles-mêmes. Par égard pour leur sexe, nous nous bornerons donc à faire une sévère réprimande à celles qui violeront cet article.

« Fait à bord du navire *le Manchester*, le 28 novembre 1837, et signé par nous.

« COLIN (Jean-Guillaume). »

Cette sage ordonnance reçut l'accueil qu'avait le droit d'en attendre son auteur. L'empire que prit alors M. Colin sur l'affection de ses administrés fut si grand, que ces derniers le considérèrent bientôt comme un père, et lui en accordèrent le titre au préjudice de celui de président, que ce digne homme tenait de son élévation magistrale. En effet, de toutes parts on entendait appeler *papa Colin* du matin au soir. Ce brave homme me rappelait ce bon vieux roi d'Yvetot, immortalisé par l'immortel Béranger. Le papa Colin aurait même pu, à l'exemple de ce roi campagnard, parcourir ses États sur un âne; car M. Choufouine se serait fait un plaisir et un devoir de mettre un de ses cinq pensionnaires à la disposition d'un magistrat qui, en plaçant ces utiles quadrupèdes sous sa puissante égide, avait mis un terme aux vexations dont on les abreuvait.

L'entre-pont n'offrait pas assez d'espace pour que tous les administrés du papa Colin pussent participer au festin dont j'ai parlé plus haut. Il fut résolu que trente passagers, désignés par le sort, composeraient le nombre des convives de ce repas inaugural; mais que tout le monde y contribuerait de ses talents culinaires et d'une portion de ses vivres.

Cette recommandation fut fidèlement observée. Pendant que le papa Colin créait ses sages ordonnances, les meilleurs fricoteurs de l'entre-pont déployaient à la cuisine tout leur savoir, afin de donner le plus de succulence possible aux mets grossiers destinés à faire les frais de cet humble banquet. Une table, formée de malles et de caisses, fut érigée près de la grande écoutille. Faute de nappe pour couvrir cette table improvisée, on se servit d'une paire de draps frais blancs de lessive, appartenant à une famille française. La plus belle vaisselle de fer-blanc fut également mise en réquisition pour ce festin ; en un mot, rien ne fut négligé pour y donner tout le confort et la propreté que permettait la circonstance.

Il était deux heures environ quand le repas commença. Les convives avaient pris la chose au sérieux ; ils le prouvaient du moins par les soins que révélait leur toilette. Par exemple, le papa Colin avait endossé un habit de drap bleu, dont la coupe cadrait à merveille avec son âge, sa corpulence et la dignité de son rang. Son pantalon marron, son gilet de poil de chèvre, couleur souris, et sa cravate blanche ne laissaient rien à désirer non plus, tant sous le rapport de la fraîcheur que de la qualité.

ocoire qu'ils étaient bien préparés. Gilbert avait r éla

Ce festin fut long et joyeux. Les mets répandaient une excellente odeur dans tout l'entre-pont, et, d'après l'accueil qu'ils recevaient des convives, j'ai le droit de boré en cachette, à la cuisine de la chambre, un pâté monstre au jambon, qu'il posa sur la table au moment où les convives n'attendaient plus rien ; de sorte que ce mets produisit encore une surprise plus agréable. En effet, ce dernier venu fut salué de la plus vive acclamation gastronomique ; ce qui laisse supposer qu'il y avait encore du vide dans les estomacs.

— Gilbert ! s'écria le Parisien, ce trait est digne de toi. Si je ne craignais pas de blesser ta modestie, pour te payer cette surprise culinaire, je baiserais ta mâle et belle figure aussi affectueusement que n'a jamais pu le faire la plus caressante des nombreuses dulcinées qui pleurent ton absence dans la capitale.

Ce compliment flatteur n'empêchait pas Gilbert de distribuer son succulent pâté aux convives, qui le trouvèrent si fort à leur goût, qu'ils n'en laissèrent pas la moindre bribe.

A mesure que l'appétit disparaissait, la conversation s'animait. Comme les convives ne parlaient pas tous le même langage, les gestes suppléaient souvent aux paroles, et ce genre d'entretien semblait très-agréable aux robustes Allemandes, qui se trouvaient placées à côté de nos plus espiègles compatriotes.

Depuis que le père Saragosse avait été promu au grade de laveur de vaisselle, les passagers d'entre-pont ne le comptaient plus pour un habitant de leur sombre demeure. Ce vieux brave n'en prenait pas moins un vif intérêt aux événements qui survenaient à ses pauvres compagnons de voyage. Pendant ce banquet officiel, la père Saragosse abandonna peut-être vingt fois son poste de marmiton pour aller lancer à la dérobée une plaisanterie aux convives au travers de la grande écoutille, après quoi il retournait à la cuisine d'un pas martial et en fredonnant un couplet de *la Vivandière du régiment*.

Cette fête se serait probablement terminée en gais propos et en pantomimes plus ou moins expressives sans la féconde imagination du Parisien. Au moment où personne ne s'y attendait, il réclama une minute d'attention pour faire une importante motion. Aussitôt il se fit un silence profond, et tout le monde écouta avec la plus grande curiosité.

— Mesdames et Messieurs, cria ce passager, je demande que cette fête se termine par un bal, afin que tous les administrés du bon papa Colin puissent y prendre part.

Un tonnerre de bravos salua cette proposition inattendue; M. Jarotti faillit en perdre la tête. Pendant cinq minutes, il battit des mains et des pieds en signe d'approbation; il poussa même l'enthousiasme jusqu'à embrasser madame Bibi, qui avait l'honneur d'être à son côté. M. Bibi ne parut pas très-satisfait de cette joyeuse exaspération qui anticipait sur ses droits conjugaux; mais son épouse lui ayant rendu aussitôt le baiser dont l'avait gratifiée son audacieux voisin, notre petit bottier, sous l'impression de cette caresse, oublia vite les écarts du maître de danse.

Jusque-là M. Boulard, dont la couche se trouvait près du banquet, s'était borné à accueillir d'un sourire sarcastique la conduite de ses compagnons. Mais en entendant la motion du Parisien, il ne put s'empêcher de donner cours à une réprobation plus expressive.

— Gilbert prétend que je suis fou, parce que je n'aime pas les pommes de terre frites qui sentent le graillon et la fumée; mais je vois malheureusement que je ne suis pas seul d'insensé ici, dit M. Boulard de sa voix acariâtre.

Cette remarque n'eut d'autre résultat que de provoquer un rire bruyant et prolongé qui exaspéra le pauvre moribond plus que ne l'avait fait encore la motion qu'il blâmait.

— Si jamais je parviens à me bâtir un trône dans le Nouveau-Monde, disait Jarotti, en souvenir de son délicieux pâté, je ferai Gilbert duc et pair, et intendant de ma royale demeure, y compris la cuisine. Quant au Parisien, je le ferai à perpétuité prince et ministre des beaux-arts, pour le remercier de la motion qu'il vient de faire.

— Ce n'est pas tout que de proposer un bal, il faut encore un emplacement pour exécuter cette proposition, dit judicieusement le papa Colin.

— Tiens ! c'est vrai ! répondirent tous les convives en se regardant les uns les autres d'un air déconcerté.

— Ne vous alarmez pas trop, mes enfants, reprit le digne magistrat ; je vais solliciter du capitaine la permission de nous laisser danser sur la partie du pont réservée aux passagers de la chambre.

— Maintenant, papa Colin, c'est entre nous à la vie et à la mort, s'écria Jarotti transporté d'enthousiasme.

M. Choufouine, aussi passionné pour la danse que pour ses pensionnaires quadrupèdes, courut chercher une dame-jeanne, pour remplir de son contenu les trente gobelets de fer-blanc des convives. Puis il porta le toast suivant :

— Au papa Colin, le meilleur homme qui ait jamais existé !

Tous les convives répétèrent ces paroles d'une voix sonore en saluant le papa Colin d'un signe de tête respectueux, et vidèrent ensuite leurs gobelets d'un seul trait.

Notre humble magistrat fut si touché de cette marque d'affection, qu'elle lui fit venir aux yeux des larmes de reconnaissance. Il quitta la table alors pour aller solliciter du capitaine la faveur dont je viens de parler. Cette faveur insigne lui ayant été accordée, ce digne homme revint annoncer aussitôt cette heureuse nouvelle à ses administrés, qui s'occupèrent immédiatement des préparatifs du bal en question.

Le point capital de ces préparatifs était l'organisation d'un orchestre ; car la musique est pour un bal ce que la vapeur est pour une locomotive de chemin de fer. Mais il eût été bien extraordinaire qu'une si grande agglomération de passagers européens n'eût pu fournir assez de musiciens pour former l'orchestre improvisé d'un bal. Les administrés du papa Colin ne trouvèrent donc aucun obstacle à vaincre de ce côté. Un violon savoyard, deux clarinettes allemandes et un flageolet français firent entendre leur voix harmonieuse dès que le capitaine eut accordé à ses hôtes de l'entre-pont l'emplacement qui leur était nécessaire pour se livrer aux gracieux exercices chorégraphiques.

L'orchestre organisé, Gilbert fit une motion pour que le bal fût ouvert par un quadrille composé des passagers les plus âgés de toute la gent de l'entre-pont. Cette motion, en l'honneur de la vieillesse, fut adoptée à l'unanimité, et le papa Colin fut prié de désigner immédiatement les huit personnes des deux sexes qui devaient composer ce vénérable quadrille. L'incorruptible impartialité de ce digne magistrat se manifesta hautement dans cette occurrence. Son âge et son rang l'autorisaient à se compter d'abord au nombre de ces vieillards; mais il n'y consentit qu'après les plus pressantes sollicitations de tous ses administrés. Ce scrupule vaincu, il ne s'agissait plus que d'ouvrir le bal. L'orchestre s'installa le plus ostensiblement possible sur des tonneaux d'eau qui se trouvaient sur le pont, d'où il fit retentir l'harmonieux signal de la danse. Ce signal fut salué d'une étourdissante acclamation de la part des cinq pensionnaires de M. Choufouine, incident qui humilia d'autant plus les musiciens qu'il provoqua les rires de tous ceux qui en avaient été témoins auriculaires et oculaires.

— Après tout, s'écria le violon savoyard, qui remplissait les fonctions de chef d'orchestre, cela prouve que ces animaux ne sont pas insensibles à la musique.

Cependant trois couples respectables avaient répondu à ce premier appel. Il n'en manquait plus qu'un pour compléter le quadrille. Pour l'inviter à faire acte de présence, l'orchestre exécuta une autre ritournelle; mais personne ne parût encore. Alors, le papa Colin s'informa de la cause de ce retard, et il apprit, à son grand regret, que le cavalier qui devait compléter ce couple retardataire déclinait l'honneur de figurer dans ce vénérable quadrille. Cet incident faillit faire écrouler de fond en comble l'édifice social de l'entre-pont. Mais la sagesse du papa Colin sut vaincre la résistance de ce passager récalcitrant; ce ne fut pas sans peine, il est vrai, mais le triomphe n'en fut que plus glorieux pour ce cher magistrat.

Je laisserais une lacune dans ma narration, si je n'entrais pas dans quelques détails sur la cause et la solution de la résistance que faisait ce vieillard à participer à ce quadrille d'honneur. Ce vénérable passager se nommait Lévy, et, comme semble l'indiquer son nom, il professait la religion israélite. Il justifia d'abord son refus de danser en disant que cette récréation était ridicule pour un homme de son âge ; mais poussé dans les derniers retranchements de sa défense par les arguments conciliateurs du papa Colin, il avoua alors que ce jour étant celui du sabbat, il ne pouvait figurer dans ce bal sans commettre un sacrilége envers son culte. Comme ce juif était Allemand, et qu'il ne parlait pas un mot de français, cette explication ne pouvait être comprise de nos compatriotes. Sur la demande que lui en fit le Parisien, le papa Colin s'empressa de révéler les scrupules du rigide vieillard ; mais personne ne les ayant trouvés assez graves, M. Lévy se détermina donc à contrevenir aux lois de sa religion pour ne pas violer les ordonnances du magistrat à qui il avait, quelques heures plus tôt, juré obéissance et respect.

Mais on a toujours mauvaise grâce à faire ce qui répugne à notre volonté, et surtout à notre conscience. M. Lévy se laissait presque traîner par sa danseuse, au lieu de la seconder avec zèle et galanterie, comme le faisaient les trois autres cavaliers. C'était en vain que le papa Colin lui disait de sa voix fraternelle :

— Si votre conduite en cette circonstance est condamnée par votre culte, Dieu qui lit dans tous les cœurs, vous la pardonnera, mon cher monsieur Lévy.

En dépit de la réticence à laquelle recourait ce fils de Moïse pour protester contre sa propre conduite, ce quadrille d'ouverture se passa pourtant d'une manière fort remarquable. Il y avait un petit vieillard, qui, faute de pouvoir dessiner des pas légers et gracieux, battait le plancher aussi vigoureusement que lui permettait son âge, et faisait à sa compagne des petites mines qui provoquaient des rires homériques parmi tous les spectateurs.

Ce quadrille d'honneur terminé, l'arène de la danse fut envahie aussitôt par la bouillante jeunesse. Le chef d'orchestre, loin d'être obligé de répéter ses ritournelles pour annoncer un nouveau quadrille, n'avait pas le temps de respirer, tant les danseurs le pressaient de donner ce joyeux signal.

Je m'étais placé un peu à l'écart pour contempler paisiblement cet intéressant spectacle. Il faisait un temps superbe. Le navire sillonnait la mer sous toutes ses voiles à l'aide d'une brise fraîche et soutenue. On aurait dit que le ciel avait voulu aussi contribuer à l'inauguration de la magistrature du papa Colin. La joie était sur tous les visages et la concorde dans tous les cœurs, excepté dans celui de M. Boulard, qui trouva assez de force dans son humeur acerbe pour venir jusque vers moi pour condamner ce que j'admirais.

— Avouez, me dit-il, que vous n'avez jamais été témoin de pareilles folies. L'humanité fait honte et pitié à la fois quand on la voit se comporter ainsi. Les Américains n'auront qu'à se féliciter de la cargaison de notre navire, si les insensés contribuent à la prospérité d'un pays. Enfin, c'est un spectacle si ridicule que les ânes de Choufouine en jettent des cris d'épouvante.

— Ce sont peut-être des cris de joie, au contraire, répondis-je.

— Ne croyez pas cela, Monsieur; car souvent les animaux sont plus raisonnables que les hommes, répliqua avec vivacité Boulard.

— Quant à moi, Monsieur, je crois qu'il faut professer une bien faible dose de philanthropie pour n'être pas touché de ce spectacle. Qui n'applaudirait pas, en effet, à cette fusion des peuples de l'Europe ? N'est-il pas édifiant de voir ainsi la Prusse faire la main droite avec la France ; l'Italie dos à dos avec l'Autriche ; la Savoie balancer sur place avec la Suisse, et la Pologne figurer à la tête du galop général qui termine chaque quadrille ? N'est-ce pas là une image vivante de l'entente cordiale en faveur de laquelle nos hommes d'État dépensent toute leur sagesse et leur science politique ?

M. Boulard répondit à cette petite admonition par un sourire ironique. Puis il s'éloigna presque aussitôt pour aller cacher son dépit dans son misérable grabat, d'où le besoin de médire l'avait seul tiré.

Le départ de M. Boulard me permit d'admirer à mon aise et sans distraction les gracieuses glissades, les vigoureux jetés-battus, les élastiques terre-à-terre que décrivaient les jambes fluettes de M. Jarotti. Le bon Choufouine avait un penchant décidé pour la danse classique : il excellait dans l'exécution du pas d'été des ailes de pigeon et des pirouettes. Le Parisien et son digne ami Gilbert me rappelaient les chorégraphes de la Courtille, par la souplesse, l'agilité et l'abandon un peu trop risqué de leurs mouvements. Madame Bibi et son petit Cupidon captivaient l'attention de tous les spectateurs par leur disproportion physique, et plus encore par les gracieuses ondulations qu'ils dessinaient dans toutes les figures. M. Jarotti disait à madame Bibi qu'elle eût surpassé Terpsichore, si elle eût été confiée pendant une couple d'années aux soins d'un habile maître de danse.

Grâce à l'indulgence du capitaine et à la présence de la lune, le bal se prolongea jusque vers neuf heures. Les danseurs étaient si animés qu'il eussent peut-être fait durer cette fête la nuit entière, sans la prévoyance du papa Colin, qui était là pour faire cesser, quand les convenances l'exigeraient, cette bruyante récréation. Puis, d'ailleurs, en agissant ainsi, ce digne magistrat ne faisait qu'observer un axiome fort sage, qui dit que, « le plaisir est inconnu de ceux qui en abusent. » Dès que le papa Colin eut invité l'orchestre à mettre un terme à ses harmonieux accords, les danseurs et les spectateurs se retirèrent peu à peu dans leur sombre demeure, où ils réparèrent, dans un sommeil paisible, les forces qu'ils venaient de dépenser en l'honneur de leur vénérable magistrat.

Ainsi se termina cette fête improvisée. Fasse le ciel que tous les peuples de la terre puissent un jour en célébrer une semblable! Car alors, cette fraternelle harmonie sera une preuve glorieuse que la raison humaine a fini par triompher de la coupable ambition des princes qui s'imposent par la force brutale comme mentors des peuples.

CHAPITRE XIV.

Comment se récréaient les passagers de la chambre.

Pour ne rien omettre de mes observations et les bien coordonner, je dois conduire alternativement mes lecteurs de la cabine à l'entre-pont.

Le chapitre précédent montre le sage moyen que les passagers de la classe inférieure ont employé pour chasser la discorde de leur sombre séjour; mais les hôtes de la chambre, au lieu de suivre cet exemple recommandable, préféraient recourir à la médisance pour chasser la monotonie de la traversée. Les vices qui règnent dans le haut de l'échelle sociale descendent facilement dans la partie inférieure; mais la vertu qui se trouve dans les basses régions parvient rarement et très-difficilement au sommet de cette échelle. C'est ainsi que notre pauvre humanité foule les bons exemples à ses pieds, pour se débattre sans cesse contre la misère morale et matérielle provenant de l'iniquité.

On se rappelle que j'ai dit ailleurs que la chronique du bord contestait à mademoiselle Valentina le titre de nièce que lui donnait M. Dupart, son compagnon de voyage. Plus tard, on ne s'est pas contenté de lui contester ce degré de parenté, on a osé le lui retirer pour le remplacer par un lien flétrissant : on affirmait tout bas que cette charmante jeune fille était tout simplement la maîtresse de l'ex-colonel.

Voici ce qu'on racontait à ce sujet.

M. Dupart eut la fantaisie d'aller un jour passer la soirée au théâtre de Belleville, où il vit une soubrette d'une beauté si piquante, qu'il en devint éperdument épris avant la fin de la pièce dans laquelle jouait cette jeune artiste. Dans un entr'acte, M. Dupart s'adressa à une ouvreuse de loges pour se renseigner sur le compte de celle qui l'avait fasciné par sa seule apparition. Le cerbère théâtral voulut d'abord s'abstenir de répondre aux indiscrètes questions de ce trop curieux spectateur; mais comme il est avec le ciel des accommodements, les ouvreuses de loges sont susceptibles d'en offrir aussi. Donc, M. Dupart apprit dans cette enquête le nom et la demeure de la belle, et, sans perdre de temps, il lui lança un brûlant poulet par l'intermédiaire de la femme qui l'avait si bien renseigné. Il va sans dire que l'ex-colonel a saisi cette occasion pour rémunérer dignement l'indiscrétion de notre ouvreuse de loges. Le succès de cette démarche fut difficile à obtenir, à cause des exigences de la mère de la jolie actrice extra-muros, car elle avait une mère qui ne voulait pour sa charmante fille d'autres liens que ceux d'un heureux hymen, bien cimenté par la sanction d'un officier de l'état civil. En un mot, le mariage avait été jusque-là l'*ultimatum* de la veuve Pinçon, quand il s'était agi du bonheur d'être aimé de sa fille. Elle disait avec raison qu'une femme ne peut avoir de meilleur protecteur qu'un mari. Mais il paraît que M. Dupart opposa à l'*ultimatum* de la veuve Pinçon (c'est le nom qu'on donnaît à la mère de mademoiselle Valentina) des arguments d'une logique si palpable, que la bonne mère consentit enfin à abandonner pour sa fille le titre d'épouse pour celui de nièce, que l'ex-colonel voulait seulement concéder à la ravissante soubrette. Ce traité était à peine conclu que le théâtre de Belleville perdit une de ses actrices les plus renommées, la mère Pinçon une fille adorée, et la capitale une de ses plus jolies femmes, car M. Dupart se mit en route aussitôt pour le Mexique, craignant qu'un plus long séjour à Paris ne lui coûtât le précieux trésor que le hasard lui avait offert dans un théâtre de banlieue.

Cette histoire circulait parmi les passagers sans que personne en pût connaître la source. L'un disait la tenir de celui-là, et celui-là disait la tenir d'un autre; mais on ne connaissait pas l'auteur de ce récit mystérieux, qui, néanmoins, finit par arriver aux oreilles de ceux qu'il concernait si désagréablement.

Comme on le doit bien supposer, mademoiselle Valentina fut très-contrariée de se voir contester le titre de nièce qu'elle portait si dignement. De son côté, M. Dupart n'était pas homme à se laisser enlever son titre d'oncle sans résistance; mais, en dépit de ses efforts, il ne put cependant réhabiliter sa compagne aux yeux de tous les passagers : il n'y en avait même qu'un très-petit nombre qui semblaient préférer la version de l'ex-colonel à celle que lui opposait la mystérieuse chronique.

M. Dantilignac était le seul qui se montrait ostensiblement le défenseur convaincu de l'innocence de mademoiselle Valentina. Il semblait aussi jaloux, sinon plus, de l'honneur de cette belle passagère, que M. Dupart lui-même. Mieux vaut un sage ennemi qu'un imprudent ami, dit le proverbe, et cette maxime n'est pas à dédaigner. En effet, le zèle de M. Dantilignac, pour ne pas rester infructueux, supposa un coupable quand il se vit dans l'impossibilité d'en découvrir un; mais je dois dire qu'en agissant ainsi, notre Gascon servait autant son aversion personnelle que les sentiments sympathiques que lui avait inspirés la beauté de la nièce de M. Dupart.

Un jour donc, en présence d'un grand nombre de passagers, parmi lesquels se trouvait M. Alfred, notre gros Gascon lui lança d'une manière sarcastique et presque directe l'accusation suivante :

— Ne trouvez-vous pas, Messieurs, que les propos médisants qu'on fait circuler sur mademoiselte Valentina, pour la flétrir à nos yeux, sentent le parfum à plein nez.

Cette insidieuse question resta d'abord sans réponse, personne de voulant s'avouer coupable en la repoussant.

— Il faut, reprit M. Dantilignac en dirigeant un regard accusateur vers M. Alfred, que vous soyez bien enrhumés du cerveau si vous ne partagez pas mon opinion sur ce point.

— Bien que je ne sois pas le seul ici qui fasse usage de parfum, je prie M. Dantilignac d'être plus explicite dans ses malveillantes insinuations, riposta M. Alfred.

— L'empressement que vous mettez à prouver votre innocence me donne presque le droit de vous accuser avec certitude, répondit le pétulant Gascon.

— Puisque vous prenez les choses sur ce ton-là, je vous somme de déclarer catégoriquement si vous prétendez, Monsieur, me faire passer pour l'auteur des propos en question? dit M. Alfred, le visage pourpre de colère.

— Ah! ah! Monsieur, estimez-vous heureux de ce que la nature m'a doué d'une forte dose de docilité, car autrement j'aurais pu me refuser de répondre à un ordre transmis si impertinemment. Eh bien! puisque vous voulez que je m'explique, je vous dirai que je vous crois au moins l'instigateur, sinon l'auteur, des propos médisants qui circulent sur M. Dupart et sa charmante nièce, fit M. Dantilignac avec un calme affecté.

— Je me sers d'armes moins fragiles que la parole, Monsieur, pour réfuter de telles insultes, répondit M. Alfred avec une rage concentrée.

— Une provocation! répliqua le gros Gascon. Vous êtes vraiment un jeune homme plein de sagacité, et je vous félicite de si bien savoir interpréter les paroles qu'on vous adresse. Je suis à vos ordres, Monsieur, et j'aime à croire que vous ne l'oublierez pas à notre arrivée à la Nouvelle-Orléans.

Cette altercation était trop violente pour supposer qu'elle resterait sans dénouement regrettable pour les deux antagonistes. La rencontre projetée ici ne peut manquer de faire jaillir un rayon de lumière sur les ténèbres qui dissimulent l'auteur véritable des indiscrétions qui ont servi de prétexte à cette querelle; mais, en attendant que je puisse rendre compte des conséquences de ce duel, je vais parler des bienfaits résultant de la sagesse administrative du papa Colin pour les hôtes de l'entre-pont.

CHAPITRE XV.

Les Cercles récréatifs.

Le papa Colin étant trop philosophe pour ignorer que l'oisiveté engendre une infinité de vices, résolut donc de trouver une récréation qui pût convenir à tous ses humbles administrés, sans distinction d'âge ni de sexe. Pendant deux ou trois jours, ce brave homme se cassa vainement la tête à chercher une telle récréation; tant il est rare de voir toutes les plus précieuses qualités humaines se concentrer chez une seule personne. Le papa Colin avait, en effet, une bienveillance aussi profonde que l'imagination bornée. Il savait tirer le meilleur parti possible des choses qu'il connaissait, mais il ne parvenait presque jamais à connaître de lui-même les choses qu'il ignorait. Convaincu de son inaptitude sur ce point, il renonça donc à découvrir le moyen de procurer à ses administrés un agréable passe-temps; mais quand il s'agissait de faire le bien, le papa Colin était infatigable, et s'accrochait à toutes les branches qui pouvaient l'aider à parvenir à son but.

10

— Voyons donc, se dit-il, si notre infortuné exilé polonais ne pourrait pas me trouver ce que je veux.

Et aussitôt il s'adressa au proscrit pour le prier de chercher le passe-temps qu'il avait cherché en vain pendant trois jours.

Après y avoir réfléchi mûrement, le Polonais propose à notre digne magistrat d'instituer deux réunions : une formée par les Français et ceux qui comprennent leur langue, et l'autre composée d'Allemands. Ces réunions auraient lieu tous les soirs sur le pont, et chaque membre desdites réunions serait tenu de chanter une chanson ou de raconter une histoire à tour de rôle.

Le papa Colin accueillit cette proposition avec une joie enfantine, et ne perdit pas un moment à organiser ces soirées, auxquelles il donna le nom attrayant de *Cercle récréatif*.

Ne doutant pas qu'il se passerait des choses curieuses dans ces réunions, je sollicitai auprès du papa Colin la faveur d'y être admis comme membre honoraire, et ma demande fut agréée. Ainsi qu'on le verra dans la suite, je suis redevable de plus d'une page intéressante de ce livre au *Cercle récréatif*. La reconnaissance m'ordonne de faire ici cet aveu, afin que si mon œuvre a jamais l'honneur de tomber dans les mains du papa Colin, ce digne homme puisse voir que je sais conserver le souvenir des bontés qu'on a pour moi et les apprécier à leur juste valeur.

C'était sur la partie du pont octroyée aux administrés du papa Colin que ces récréations devaient avoir lieu ; c'est-à-dire sur les tonneaux, les cages à volaille et autres objets qui encombraient cette partie du navire. J'étais si désireux d'assister à ces curieuses soirées que le soleil était à peine couché quand j'allai me percher sur une des cages où se devait tenir la réunion française.

Mais je ne fus pas longtemps seul à attendre ; je me vis bientôt entouré d'une nombreuse compagnie ; puis, lorsque l'heure assignée pour le rendez-vous fut arrivée, on invita le papa Colin à bien vouloir présider le cercle. Ce digne magistrat accepta naïvement et sans cérémonie ce surcroît d'honneur. Personne, il le savait bien du reste, ne pouvait comme lui remplir ce nouvel emploi. Un tonneau étant destiné à servir de siége présidentiel, le papa Colin s'y consolida de son mieux, et prit ensuite la parole pour faire part d'un règlement qu'il avait fait concernant cette réunion. Voici ce règlement :

« 1° Toutes les personnes qui composent cette réunion sont tenues de raconter une histoire ou de chanter à tour de rôle.

« 2° Il est expressément défendu de chanter ni de raconter quelque chose qui puisse blesser la pudeur, les convenances et la morale.

« 3° Il est également défendu d'interrompre les narrateurs ou les chanteurs sous quelque prétexte que ce puisse être.

« 4° Les rires ne seront pas considérés comme interruption, vu que lesdites réunions ont été instituées pour nous procurer à tous un agréable passe-temps, et maintenir parmi nous l'amitié et la concorde.

Ce règlement fut accueilli par tout l'auditoire comme il le méritait, c'est-à-dire avec une approbation unanime. Ensuite le président invita l'exilé polonais à prendre la parole pour faire les frais de la première soirée du *Cercle récréatif*. Du reste, cet honneur appartenait de droit à ce malheureux proscrit, puisque c'était lui qui était le vrai fondateur de ces clubs fraternels ; aussi s'est-il empressé de souscrire à l'invitation du papa Colin.

Ce réunions se sont répétées chaque jour que l'inclémence du temps ne s'y est pas opposée ; et, bien que j'y eusse entendu raconter un grand nombre d'histoires dignes d'être offertes au lecteur, on comprendra que le cadre de cet ouvrage ne peut admettre que les plus intéressantes. Je vais d'abord rapporter celle de l'exilé polonais, telle qu'il l'a racontée lui-même, sans même en omettre le titre.

CHAPITRE XVI.

Le Rêve de mon père.

— « J'intitule ce récit, le Rêve de mon père, dit le proscrit en prenant la parole ; mais ce rêve n'était que l'expression anticipée des grands événements survenus plus tard pour effacer complétement la Pologne du rang des nations de la terre, et forcer un grand nombre de ses enfants à manger le pain de l'exil.

« Conformément à mes goûts personnels et aux désirs de mon digne père, je résidais dans nos terres, et m'occupais avec délices de science agricole. En me tenant ainsi isolé et loin des fausses grandeurs de ce monde, je retrouvais encore ma patrie, en dépit du soin que prenait la Russie de nous faire sentir sa puissance absolue et tyrannique. Jamais je n'avais mieux vu les erreurs de l'esprit humain que dans cette paisible solitude. Car c'est dans l'affection et le travail utile que se trouve le bonheur de l'existence, et non dans le faste et le tumulte ambitieux où tant de gens le cherchent en vain toute leur vie. Enfin, j'étais aussi heureux que peut l'être un homme qui subit la loi d'un despote sans transiger avec lui à l'égard de tout ce qui touche la dignité individuelle; c'est-à-dire la liberté de penser et la résistance morale à l'inique asservissement d'un pouvoir que récusent les lois divines qui sont celles de la raison.

« Mon vieux père et mes occupations rustiques formaient donc le piédestal de mon existence; il ne me manquait que ma mère pour ne laisser de lacune regrettable au foyer domestique. Mais la mort a une implacable mission à remplir, et ma mère a été moissonnée par elle quand je n'avais pas encore acquis assez de raison enfantine pour goûter le charme des caresses maternelles. De sorte que je n'ai qu'un souvenir confus des traits de celle qui m'a donné le jour; mais mon cœur ne lui en a pas moins conservé le germe d'une profonde affection filiale.

« Vous me pardonnerez d'avoir préludé ainsi à cette histoire en vous disant qu'il ne me reste plus rien de ce que nous chérissons le plus en ce monde : nos parents et notre patrie. Non, mes amis, il ne me reste plus que l'exil et les vicissitudes qui en sont les conséquences.

« J'aborde maintenant le sujet de mon récit: J'habitais, comme je viens de vous le dire, la campagne avec mon vieux père. Cette propriété était située à une trentaine de lieues de Warsovie, et ne laissait rien à désirer sous le rapport de la fertilité du sol et de la salubrité du climat. En été, la nature nous offrait toutes les récréations que nous cherchions pour satisfaire nos goûts champêtres; en hiver, notre plaisir se trouvait dans l'étude, et la lecture en compagnie d'un feu confortable qui dardait au fond d'une vaste et antique cheminée.

« Un soir de l'hiver rigoureux de 1830, mon père interrompait sa lecture mentale de temps en temps pour fixer le feu d'un air pensif. Ses traits vénérables n'ayant pas leur habituelle sérénité, je lui demandai la cause de l'inquiétude que révélait son attitude. Il éluda d'abord ma question; mais en la lui réitérant plusieurs fois, il finit par me raconter ce que vous allez entendre.

— « Mon enfant, me dit-il de ce ton affectueux qui accompagnait toutes ses paroles, tu veux savoir ce qui me préoccupe, je vais te le dire, au risque de passer à tes yeux pour un vieillard superstitieux comme se plaît à l'être l'homme ignorant qui sacrifie sa raison au culte de la fatalité. Je sais, comme toi, mon fils, que rien n'est plus commun que de voir un vieillard de mon âge radoter ; c'est un fait incontestable, mais que personne ne peut expliquer. La vieillesse n'est redoutable que pour ceux qui sont aux prises avec la misère ou les infirmités physiques; mais pour l'homme de bien, jouissant d'une bonne santé, la vieillesse n'est que le prélude du bonheur éternel. Je n'ai pas la folle prétention de me classer de mon chef parmi ces futurs élus, mon enfant, mais je puis du moins t'assurer que je mesure sans frayeur la courte distance qui me sépare de la tombe. J'espère en la miséricorde de celui qui doit juger mes fautes en dernier ressort.

« Pour justifier cette digression, mon fils, sache donc que c'est un songe qui fait l'objet de la préoccupation que tu remarques en moi en ce moment. Après tout, il n'y aurait rien de bien extraordinaire à iv-r âme, notre cette essence de Dieu même, pénétrer un peu les secrets de l'avenir quand elle est affranchie, pendant le sommeil, du poids de sa grossière enveloppe. Quoi qu'il en soit, j'ai fait un rêve qui me semble un de ces avertissements du ciel que l'homme sage ne doit pas regarder comme le caprice fantastique de l'esprit qui s'évapore et s'égare dans les ténèbres de la nuit.

« Jamais un songe n'est resté gravé comme celui-ci dans ma mémoire avec tant de lucidité et d'apparence d'un fait accompli. Il est vrai que, deux nuits de suite, ce songe s'est répété avec une exactitude et une ténacité trop rare, en pareille circonstance, pour ne pas faire naître de sérieuses réflexions chez un homme de mon âge et de ma position sociale. Enfin, voici comment s'est passé ce songe, que j'ai encore présent à mes souvenirs comme à l'instant de mon réveil.

« Je me trouvais dans un magnifique palais, dans lequel avait lieu une fête splendide, mais à laquelle je ne participais que comme spectateur. Parmi les convives, il y avait un monarque, auquel un grand nombre de courtisans prodiguaient des flatteries aussi avilissantes pour celui qui en était l'objet que pour ceux qui les offraient : car les sycophantes monarchiques ne peuvent flétrir leur dignité individuelle sans laisser les mêmes taches sur le caractère du monarque qui exige d'eux cette vile conduite pour mériter ses faveurs et sa royale préférence. Les appartements étaient vastes et ruisselants d'or et de lumière ; une musique délicieuse retentissait de toutes parts, et une brillante jeunesse se livrait avec grâce au plaisir de la danse ; puis, tout à coup, un grand tumulte succéda à la joie qui régnait dans ce palais fastueux, et je vis le monarque abandonné en un instant par tous ceux qui, avant ce désordre, se prosternaient servilement à ses pieds. De tout l'éblouissant aspect de cette fête royale, il ne resta devant mes regards étonnés qn'un vide immense, à l'horizon duquel je vis un soleil pâle et terne se coucher à l'ouest, en même temps qu'un autre astre semblable se levait radieux à l'est; puis, au delà de ce brillant soleil, j'aperçus deux armées qui luttaient avec le plus vif acharnement : l'une de ces deux grandes armées me semblait bien plus nombreuse que l'autre, et nous combattions, moi et toi, mon fils, dans les rangs de la plus faible. La lutte fut courte, mais terrible; et, au moment où je vis la victoire favoriser nos ennemis, je suis tombé mortellement blessé. Dans le délire de la mort, je te voyais prendre le chemin de l'exil, mon cher enfant, pour échapper aux chaînes que les vainqueurs réservent aux vaincus pour mieux célébrer leur triomphe.

« Une fois mort, je me mis à planer dans l'espace, en m'élevant rapidement vers les régions célestes. Après une course rapide dans le champ de l'univers, j'aperçus un point lumineux qui m'attirait à lui, en dépit des efforts que je faisais pour m'en éloigner. J'étais saisi d'une crainte instinctive, qui redoublait à mesure que j'approchais de cette lumière, dont l'aspect me semblait à la fois délicieux et redoutable. Arrivé à proximité de ce corps céleste, je me vis enveloppé dans un atmosphère éblouissant, exhalant des parfums exquis, et aussitôt je reconnus que je me trouvais dans le lieu où les mortels de notre globe vont recevoir le châtiment ou la récompense de leur conduite en ce bas monde. A peu de distance de moi se trouvait un groupe de fastueux personnages, parmi lesquels je voyais figurer quelques ministres de la religion. Tous semblaient attendre avec crainte la sentence que le JUGE des juges allait prononcer en dernier ressort sur leur compte ; puis, j'entendis très-distinctement une voix d'une grave et harmonieuse sonorité adresser la parole au groupe que je viens de mentionner :

« Vous n'avez vécu, dit la voix divine, dans l'opulence et l'oisiveté qu'en vous appropriant le fruit du pénible labeur de vos frères, et en les condamnant à la misère et au dur esclavage qu'impose la pauvreté provenant d'une oppression inique et cruelle. La terre est l'héritage de l'humanité entière, et jamais elle ne portera plus d'enfants qu'elle n'en peut nourrir. S'il est des hommes qui meurent de faim, c'est parce qu'il y en a trop qui vivent dans une coupable prodigalité. Si les produits de la terre étaient agglomérés sur un seul point, et que la grande famille humaine en fit une égale distribution, l'on verrait que chaque personne serait abondamment pourvue en attendant que le sol, à l'aide du travail de l'homme, pût offrir de nouveau ses trésors alimentaires périodiques. C'est par le travail réciproque, équitablement rémunéré, que l'égoïsme et une coupable cupidité peuvent disparaître de la terre au profit de la vertu et de toutes les nobles qualités que les mauvaises passions étouffent dans le cœur humain.

« Quiconque a vécu aux dépens de la sueur de ses emblables, et n'a fait usage de sa raison et de son intelligence que pour dénaturer cette justice qui repose tout entière dans les sublimes préceptes de la réciprocité, est passible d'un châtiment céleste mille fois plus rigoureux que le mal dont on s'est fait l'instrument volontaire. Allez donc, indignes créatures, expier vos forfaits dans une planète destinée à recevoir les enfants rebelles aux lois équitables que leur dictent les bons nstincts de la conscience !

« Cette sentence était à peine prononcée que j'entendis pousser des cris de désespoir par ceux qui en étaient l'objet; et ces plaintes douloureuses m'épouvantèrent si fort que je me suis réveillé en sursaut, tout glacé d'effroi. La nuit suivante, le même songe m'est revenu à l'esprit sans le moindre changement, et cette persistance me fit une si vive impression, que plus je voulais oublier cette nocturne vision, plus elle se cramponnait à mes souvenirs, ainsi que tu l'as pu voir ce soir, mon pauvre enfant, me dit mon vénérable père en finissant son récit.

« Je lui demandai alors ce qu'il augurait d'un tel songe; il me répondit qu'il y voyait une prochaine et infructueuse tentative de la Pologne pour s'affranchir du joug qu'elle portait, et reconstituer sa nationalité sur de nouvelles bases en harmonie avec le progrès du siècle.

« En effet, quelques mois plus tard survint la révolution de juillet, qui chassa du trône de France un Bourbon pour le donner à un autre Bourbon.

« Croyant que l'heure de la délivrance avait enfin sonné pour elle, la Pologne courut aux armes comme un seul homme, espérant que la France ne manquerait pas de lui tendre une main fraternelle si les circonstances l'exigeaient. Cet espoir était mal fondé; le nouveau souverain français avait accepté le trône, mais non les principes politiques qui le lui avaient donné. Nous nous sommes battus comme le peuvent faire des esclaves qui veulent ressaisir la liberté; mais ayant contre nous le nombre et la férocité, nous fûmes écrasés dans une rencontre acharnée, et ce qui échappa dans la dernière lutte à la destruction des armes du tyran, fut replongé dans l'abîme de la servitude et de la dégradation. Heureux ceux qui, comme moi, purent franchir la frontière de la patrie asservie pour aller se réfugier chez un peuple ami du malheur. Si j'ai quitté la France, ce n'est pas parce que j'ai eu jamais à me plaindre de l'accueil que m'a fait le peuple français pendant mon long séjour chez lui : je n'ai de reproche à faire sous ce rapport qu'à son gouvernement, qui, pour s'assurer les bonnes grâces de la Russie, abreuvait de tracasserie les Polonais venus en France pour se consoler, si toutefois la chose est possible, de la perte de la patrie, qu'un effort héroïque de ses enfants n'avait pu remettre au rang des grandes nations de l'Europe.

« Ces événements attestent, mes amis, que le rêve de mon digne père était bien le secret de l'avenir que Dieu lui communiquait à l'aide d'un messager invisible. Pour ce qui concerne la Pologne, ce songe paternel s'est réalisé à la lettre, puisque l'auteur de mes jours a succombé dans la dernière bataille que mes compatriotes ont livrée pour la défense de leur pays dans les murs de sa capitale. Espérons tous que les États-Unis seront pour les pauvres émigrants qu'emporte ce navire un séjour qui répondra à l'honnête ambition qui nous y conduit : celle d'y vivre en hommes libres, dans une modeste aisance provenant du fruit d'un travail équitablement rémunéré. C'est du moins le souhait que je fais pour tous les hôtes de notre obscur entre-pont, dit le malheureux exilé en terminant son histoire. »

A ces mots, l'auditoire se mit à crier spontanément et avec cet accent qui part du cœur : Vive la Pologne! Honneur à ses enfants proscrits ! A bas tous les tyrans de la terre !

Cette intéressante histoire fit le sujet de la conversation pendant un long moment, à la suite duquel un des meilleurs chanteurs du cercle donna un agréable échantillon de son talent musical.

Ainsi se termina la première soirée du *Cercle récréatif*.

CHAPITRE XVII.

Le Cartel.

L'altercation survenue entre M. Alfred et M. Dantilignac servit longtemps de thème aux plus graves entretiens des passagers de la chambre. Les uns trouvaient fort étrange que le gros Gascon eût embrassé la défense de la belle Valentina avec autant de chaleur ; d'autres trouvaient cette conduite toute naturelle, et l'approuvaient par esprit de contradiction. M. Pointillard était du nombre de ces derniers. M. Pommardin, l'artiste en cheveux, était d'une opinion contraire; il prétendait, lui, que l'ex-colonel, le protecteur en titre de mademoiselle Valentina, jouait un rôle indigne d'un homme de son rang en laissant venger sa nièce par un étranger. — Qui vous prouve qu'elle est sa nièce? répliquait Pointillard. — Raison de plus, répondait le belliqueux coiffeur, pour qu'il se batte pour elle comme un lion, si elle est sa maîtresse. Si quelqu'un offensait une femme que j'aurais prise sous ma protection, n'importe à quel titre, je me chargerais seul de la venger, quand bien même mon antagoniste serait aussi redoutable que le géant Goliath.

M. Pochelardon ne craignait qu'une chose, c'était que nos deux antagonistes ne se battissent pas à bord.

Cette querelle préoccupait jusqu'aux hôtes de l'entrepont. Le facétieux Parisien en faisait des gorges chaudes qui déplaisaient visiblement à M. Alfred. Les gens du peuple, disait-il, vengent une insulte à coups de poing, et les hommes bien élevés se réfutent à coups d'épée ou de pistolet. Quels sont les plus barbares? ajoutait-il pour embarrasser la logique des partisans du duel.

Ces commentaires ne contribuèrent pas peu à déterminer M. Alfred à demander une réparation immédiate de l'insulte que lui avait faite M. Dantilignac. Un jour, il vint s'asseoir près de moi sur la dunette, où j'allais souvent pour mieux dominer l'empire de Neptune et sonder l'horizon du regard pour y découvrir quelques voiles fugitives. Quoique calme en apparence, il était facile de voir que ce jeune homme était sourdement agité par la soif de la vengeance, et qu'il attendait avec la plus vive impatience le moment où il pourrait donner cours au ressentiment qu'il nourrissait dans son cœur.

Après avoir échangé quelques paroles avec moi, il me demanda si je voulais lui rendre un service duquel dépendait le repos de son existence et la dignité de son caractère.

— Parlez, Monsieur, lui dis-je, et si ce que vous désirez de moi est en mon pouvoir, je vous promets d'avance de souscrire à votre demande.

— Je vous dirai alors, sans autre préambule, que je vous serais infiniment redevable si vous vouliez bien vous charger de demander à M. Dantilignac s'il maintient l'insultante insinuation qu'il s'est permise envers moi.

— Et s'il la maintient, que ferez-vous?

— Je le sommerai, par votre intermédiaire, de m'en donner satisfaction ici-même.

— Y pensez-vous ? un duel à bord !

— Oui, Monsieur, un duel à bord. J'avais résolu d'attendre que nous fussions à terre pour venger cette offense, mais je ne puis souffrir plus longtemps la fausse position dans laquelle je me trouve depuis cette altercation. D'ailleurs, j'ai un autre motif qui me porte à vider ici cette querelle, c'est de ne pas m'exposer à quitter le navire avec l'épithète de lâche, que mes compagnons de voyage ne manqueraient pas sans doute de m'accorder, si je n'arrachais pas une rétractation à M. Dantilignac, ou si je ne le forçais à me donner une satisfaction moins pacifique.

— Je consens volontiers à demander une rétractation de l'insulte que vous a faite M. Dantilignac, mais je refuse de me rendre complice d'un égorgement, répondis-je.

— Hélas ! Monsieur, répliqua Alfred avec une sourde agitation, semblable à celle d'un volcan qui va répandre la mort en donnant passage à ses entrailles enflammées; hélas! vous seriez moins scrupuleux sur le chapitre du duel si vous étiez à ma place. Quand on ne peut faire un pas sans se trouver face à face avec l'homme qui, sans cause aucune, vous a insulté intentionnellement, on souffre un genre de martyre trop cruel pour qu'on puisse blâmer ceux qui veulent y mettre un terme. Du reste, j'avoue que ma fortitude est au-dessous d'une telle épreuve. Puis, oubliez-vous qu'à la Nouvelle-Orléans le duel y est, dit-on, à l'ordre du jour? Si j'y débarquais avec l'épithète de lâche, je m'exposerais à me voir insulter à chaque instant par les spadassins, qui sont si nombreux dans tous les pays où le duel est une espèce de culte.

— Ce que vous dites est fort logique sous le point de vue du préjugé; mais sous le point de vue de la raison et de l'humanité, vos arguments sont inadmissibles. Le duel n'est qu'une barbare relique de la chevalerie du moyen âge; la civilisation le repousse comme un crime. Il faut être insensé ou infâme pour mettre son courage, sa bravoure, son honneur à la merci d'un assassinat; car le duel, ainsi qu'on l'a déjà dit, n'est qu'un assassinat toléré par les lois. Peut-on voir un spectacle plus féroce, en effet, que celui que nous offrent des hommes civilisés en s'égorgeant les uns les autres pour venger une offense, qui ne blesse souvent que notre sotte vanité? Pour souscrire aux exigences d'un odieux préjugé, on sacrifie souvent le bonheur et l'avenir d'une épouse, le seul soutien de jeunes enfants et les droits sacrés d'un créancier qui a fondé sa confiance sur le véritable honneur de son débiteur. C'est pour que nous nous élevions par le développement de notre intelligence et le respect de la morale que Dieu nous a créés, et non pour que nous nous entre-égorgions comme des bêtes féroces. Sachez-le bien, Monsieur, on montre plus de vrai courage en luttant contre les erreurs de l'opinion publique, qu'en cédant à ses criminelles approbations.

— Je sais, Monsieur, me répondit-il, que le vice a sur nous plus d'empire que la vertu, et c'est pour ce motif que je manque de force pour braver l'opinion publique.

— Vous ne pouvez vous résoudre à combattre un

méprisable préjugé ; mais vous n'hésitez pas à violer les lois sacrées de la nature et de l'humanité, pour mériter l'approbation de l'opinion publique en étouffant la voix de votre conscience, qui vous défend d'attenter aux jours de votre semblable.

— J'admets, répondit mon interlocuteur, que vous avez pour vous la raison et la justice qui en découle ; mais ne me refusez pas l'indulgence dont j'ai besoin, et à laquelle mon innocence me donne des droits. Je vous répète que si mon adversaire veut rétracter ses paroles offensantes, tout sera terminé et jeté dans l'oubli. N'étant vous-même pour rien dans ces méprisables propos, vous parviendrez peut-être mieux que personne à obtenir la paisible et juste satisfaction que je demande.

— La mission que vous me donnez, répondis-je, est trop grave pour être acceptée sans mûres réflexions. Demain, Monsieur, je vous dirai si je crois pouvoir m'en acquitter à notre commune satisfaction.

En attendant que je donne cette réponse, je vais faire assister une seconde fois le lecteur au *Cercle récréatif*.

CHAPITRE XVIII.

Une autre séance du Cercle récréatif.

Un navire, peuplé comme le nôtre, possède une opinion publique de laquelle tous les passagers sont passibles, sans en excepter le capitaine. Celui-ci fut l'objet d'un blâme juste et sévère de la part des membres de la réunion dont je m'occupe en ce moment. Dans la journée, le souverain du bord s'était oublié jusqu'à frapper le maître d'hôtel. Cet acte de brutalité était d'autant plus répréhensible, que celui qui en avait été victime ne se trouvait pas dans les conditions d'un domestique ordinaire à bord de notre bâtiment. A sa mise et à sa conversation, il était facile, du reste, de voir que ce jeune homme n'avait pas été élevé dans les rangs de la domesticité. De la manière dont il avait fait connaissance avec le capitaine, on comprenait que la position antérieure de ce serviteur était au-dessus de celle qu'il occupait parmi nous. En effet, se trouvant logé au Havre dans le même hôtel que le capitaine, ils firent connaissance, comme cela peut arriver entre deux étrangers qui ont presque la même origine et parlent le même langage, puisque l'un était Anglais et l'autre Américain. Le premier était venu au Havre dans le but de s'y procurer un emploi dans une maison de commerce de cette ville, et n'ayant pas encore atteint ce résultat au moment où le capitaine de notre navire allait prendre la mer, celui-ci engagea fortement l'autre à se rendre à la Nouvelle-Orléans, où il lui serait facile, disait-il, de trouver un emploi plus lucratif qu'au Havre. Pour mieux déterminer le jeune Anglais à suivre son conseil, notre capitaine lui offrit un passage gratis à son bord, sans lui laisser entrevoir l'arrière-pensée qu'il avait de lui imposer plus tard les fonctions de maître d'hôtel.

Ce fut donc comme ami du capitaine que ce jeune homme prit passage gratuitement sur notre navire, ne soupçonnant guère le rôle qu'on lui ferait jouer à bord pendant la traversée. Il était loin de s'attendre non plus, je présume, à voir si vite échanger son double titre d'ami et de passager contre celui de simple domestique; mais il eut le bon esprit de se laisser imposer, sans murmurer, les humbles fonctions que son indigne protecteur lui réservait parmi nous. Dès que cette conduite fut connue des passagers de la chambre, ils se firent tous un devoir de traiter ce maître d'hôtel improvisé avec tous les égards susceptibles d'adoucir sa pénible et fausse position; mais ces bons procédés n'aboutissaient guère qu'à aggraver le mal que les hôtes de la dunette cherchaient à pallier. Ce résultat négatif provenait peut-être de ce que la conduite des passagers envers le jeune Anglais était un plaidoyer silencieux et continuel contre celle du capitaine. Quoi qu'il en fut, tout le monde était d'accord pour blâmer la manière d'agir sur ce point de notre chef du bord.

Les membres du *Cercle récréatif* ne faisaient donc qu'un acte de bonne justice en condamnant les brutalités de ce chef envers l'ami qu'il avait eu la bassesse de transformer en domestique. Mais comme le capitaine d'un navire est maître à son bord après Dieu, le papa Colin, en sa qualité de président, crut devoir faire cesser cette censure en invitant un des membres de la réunion à raconter son histoire. Le passager à qui cette invitation était adressée se nommait Colomb, nom à jamais célèbre parmi les navigateurs. Aussitôt l'homonyme de l'illustre Italien prit la parole en ces termes :

— « A l'exemple du noble exilé, notre compagnon de voyage, je vais vous raconter comment la destinée m'a conduit vers le Nouveau-Monde.

« Je suis né dans un pays qui est un peu italien et beaucoup français, connu sous le nom de Savoie. Mes père et mère habitent encore en ce moment cette pittoresque contrée, et y vivent dans une modeste aisance, si Dieu ne les a pas rappelés à lui depuis mon départ de France. J'aime de toute la puissance de mon âme ceux qui m'ont donné le jour, bien qu'ils n'aient pas eu pour moi la bonté qu'un enfant doit généralement trouver dans ses parents. Est-ce ma faute ou la leur? Mon récit vous mettra à même de répondre à cette question.

« Mon père avait le malheur de confondre le fanatisme avec la religion, et cette erreur de ses sentiments moraux le détermina à vouloir donner à son culte un ministre, sans s'inquiéter si ses enfants avaient les rares et précieuses qualités qu'exigent cette divine carrière.

« Sans me consulter sur la profession que je préférais par goût et par aptitude, ni étudier mon intelligence juvénile pour y découvrir la carrière dans laquelle je pourrais me distinguer, mon père me mit au séminaire avec la ferme résolution de ne m'en laisser sortir qu'après y avoir reçu les ordres sacrés.

« De toutes les carrières qui ne doivent être imposées à un enfant, il faut placer en tête celle des ministres du ciel ; et pourtant combien de parents pauvres la donnent à leurs fils pour chasser la misère de la famille en y attirant les ressources et l'influence du presbytère. Mais la Providence m'ayant doté d'assez de raison pour reconnaître que je n'avais ni assez de vertu pour faire un prêtre comme le veulent les divins préceptes du Christ, ni assez d'aveugle docilité comme en exige le fanatisme intolérant d'un clergé déchu comme l'est celui de mon pays, je me sentais donc de plus en plus déterminé à me soustraire à une mission pour laquelle je ne me reconnaissais pas d'aptitude prononcée. Cette lutte de ma conscience contre la volonté paternelle dura jusqu'au moment décisif; c'est-à-dire jusqu'au jour où l'ordination allait être célébrée. Ce fut un terrible moment pour moi que celui où je déclarai à mes supérieurs que je renonçais au sacerdoce parce que, le comprenant autrement qu'on me l'enseignait, je ne me croyais pas digne de l'exercer à la satisfaction de Dieu, sinon des hommes. Comme vous devez le supposer, mes amis, cette rupture m'attira de vifs reproches de mes chefs, dont les moins dures expressions furent de me comparer au serpent qui, pour récompenser le sein où il s'est réchauffé, le mord. On ne me permit de sortir du séminaire qu'après l'arrivée de mon père, qui partagea le courroux de mes supérieurs, et ne me donna la liberté qu'après m'avoir chargé de sa malédiction. Ce fut là le plus lourd bagage que j'emportai avec moi en quittant cette sainte maison.

«C'est ainsi que je m'éloignai de Chambéry, n'ayant pour toute fortune que ma défroque de séminariste. Bien que ma conscience me répétât sans cesse que je n'avais rien fait pour mériter la répulsion paternelle dont j'étais l'objet, je n'en éprouvais pas moins une profonde douleur.. Sans songer à remplir les formalités que la police des pays civilisés impose aux voyageurs, je me mis en route pour la France. Mais en arrivant à la frontière, je fus arrêté et emprisonné faute de pouvoir exhiber les papiers qui permettent si souvent aux coupables de se faire classer parmi les honnêtes gens.

« Je fus privé de ma liberté le temps nécessaire pour prouver que je méritais l'appui de la loi au nom de laquelle on m'avait incarcéré. Après m'être muni de l'indispensable égide du voyageur en Europe, je me suis remis en route pour Lyon, cette grande et riche cité manufacturière des plus beaux tissus du monde.

« Mon éducation ne me permettant pas de chercher des ressources dans la sphère commerciale, à cause de mon ignorance des affaires qui servent de base à la civilisation et au progrès social, je ne cherchai, en arrivant dans cette ville, qu'à utiliser le grec et le latin dont j'avais fait si bonne provision dans mon séminaire. Je pensais, dans ma simplicité bienveillante, que l'homme ne devait jamais redouter les étreintes de la misère, quand il avait la ferme volonté de travailler et de faire usage de son intelligence. Ayant à mon service une éducation classique, j'espérais pouvoir, sans trop de difficulté, trouver des ressources dans l'enseignement, en offrant mes services aux maisons d'éducation d'une ville aussi importante que Lyon. Mais j'avais compté à cet égard sans les tracassières formalités universitaires qu'il faut remplir en France pour y enseigner légalement ce qu'on a appris à grands frais sur les bancs d'un collége. En un mot, je n'avais pas de diplôme ; et, conséquemment, les démarches que je fis pour me placer à Lyon, en qualité de professeur, furent toutes infructueuses. J'avais beau combattre les refus dont mes offres de service étaient l'objet, en demandant à justifier de mes capacités professorales par l'épreuve de l'examen préalable ; on déclinait cette proposition, conformément au privilége de l'Université, qui seule a le droit de juger de l'aptitude et du savoir des membres du corps enseignant du pays. Avec ce système, un homme peut être très-instruit de fait sans cesser pour cela d'être légalement un ignorant, indigne de franchir le seuil de la porte d'une institution pour y trouver des moyens d'existence dans l'enseignement.

« Je ne savais plus à quel saint me vouer pour parvenir à ne pas mourir de faim, en dépit du désir que j'avais de travailler à l'aide de mon intelligence ou de mes bras. Mon début dans la ville de Lyon avait été trop malheureux pour ne pas chercher à m'en éloigner. Mais il ne suffisait pas pour moi de vouloir fuir cette grande cité pour le pouvoir faire, il me fallait un peu d'argent pour ne pas m'exposer à me faire arrêter comme mendiant et vagabond. Comme il me restait encore quelques bribes de ma défroque de séminariste, je vendis tout ce qui ne m'était pas rigoureusement indispensable pour être vêtu décemment ; et avec le faible produit de cette vente, je me mis en route pour Châlons-sur-Saône. Arrivé là, je ne m'occupai qu'à me procurer du travail manuel; et pour ne pas sentir les griffes de la faim, il me fallait en trouver promptement; car ma bourse ne contenait plus que deux francs à ma disposition.

« A peine étais-je débarqué du bateau qui m'avait déposé dans cette dernière ville, que je m'adressai à un grand magasin d'épiceries, pour savoir où je pourrais utiliser mes bras de manière à vivre d'un travail honnête. A cette question, le maître de l'établissement me demanda ce que je savais faire. Je lui répondis naïvement que je n'en savais rien moi-même. Cette réplique lui parut si étrange, qu'il poursuivit ses questions, en me demandant d'abord quel était mon pays; et, quand il sut que j'étais Savoisien, il se mit à rire, en disant: Vous devez savoir faire danser les marmottes, ramoner les cheminées et jouer de l'orgue de barbarie; comme toutes ces professions sont admirablement exercées et exploitées par les gens de votre pays montagneux!

« Cette sarcastique appréciation de mes compatriotes me vexait et m'humiliait bien un peu, quoiqu'elle me fut donnée sous la forme d'une familière plaisanterie, que ma précaire position m'attirait gratuitement.

« Mais je fus bien inspiré de ne pas paraître attacher trop d'importance aux frivoles paroles de mon interlocuteur, puisque ma docilité apparente le détermina à s'assurer si je n'étais bon, comme le reste de mes compatriotes, qu'à faire un saltimbanque de bas étage. Après m'avoir énuméré toutes les précieuses qualités qu'un homme devait avoir pour bien exploiter le commerce d'épicerie, comme l'exigeait la concurrence déloyale de notre siècle, mon protecteur consentit à m'admettre dans son magasin à titre de commis apprenti.

Je me gardai bien de refuser ce modeste emploi ; je l'acceptai, au contraire, avec la plus vive reconnaissance. Je me trouvais si heureux d'avoir de l'occupation, que je croyais que c'était la Providence qui m'avait conduit chez ce facétieux épicier.

« Je pouvais peut-être alors m'appliquer le sens de cette piquante caricature, en m'écriant comme elle : « Né pour être homme, et devenir épicier ! »

« Mais pour moi il ne s'agissait pas de plaisanterie en cette occasion, il me fallait du travail pour vivre en homme d'honneur. En me voyant occupé et à même de faire face à mes plus impérieux besoins, je me crus dans un monde de délices. Pour n'avoir rien de mieux à désirer, il ne me manquait que l'affection paternelle, à laquelle je me croyais des droits légitimes, en dépit des preuves contraires que m'en avait données l'auteur de mes jours.

« Mon patron me laissa voir, par sa sympathique conduite envers moi, que les Savoisiens peuvent quelquefois se plier aux exigences du commerce de l'épicerie. Je commençais à reconnaître moi-même, sans trop de vanité, que j'aurais pu un jour exploiter cette branche de négoce assez habilement, si la fortune avait mis quelques milliers de francs à ma disposition ; mais, n'ayant en perspective pécuniaire que les quinze francs que je gagnais par mois, en sus du logement et de la nourriture, je ne pouvais donc me bercer du doux espoir de vendre du sucre, du café et de la chandelle pour mon compte personnellement. Je n'oserais affirmer que cette entrave insurmontable dans ma carrière mercantile ne fut pas la première source du désir qui me vint d'aller chercher un plus brillant avenir aux États-Unis. L'ambition raisonnable ne doit jamais être négligée par l'homme qui tient à remplir la tâche que lui impose l'existence. Ayant pour la grande Confédération américaine une préférence politique en parfaite harmonie avec mon caractère et les prédispositions de mon esprit, je me suis déterminé à m'y rendre dès quei j'ai eu économisé de quoi faire ce long voyage, auss humblement que possible. J'ai, en conséquence de ce projet d'émigration, quitté la ville de Chalons-sur-Saône aussitôt que je me suis cru en possession de la somme nécessaire pour effectuer cette excursion maritime.

« Ainsi que je l'avais déjà fait quelques années avant, en sortant du séminaire, je me suis mis en route en compagnie d'un bâton, au bout duquel je portais toute ma garde-robe. Je ne connaissais Paris que par ce que j'en avais entendu dire de merveilleux; il va sans dire que j'étais trop curieux de m'assurer par moi-même de la véracité de la brillante renommée dont jouit cette capitale pour ne la pas contempler au moins une journée en me rendant au port où je me proposais de prendre pour jamais mon essor de l'Europe.

« Cette manière de voyager s'accordant aussi bien avec mon goût qu'avec la modicité de mes ressources pécuniaires, je trouvai un plaisir extrême à parcourir ainsi pédestrement toute la France dans une de ses plus belles parties. Mon bonheur n'était contrarié que par des nuages de poussière que des diligences et des chaises de poste faisaient surgir de mon chemin. Au moyen d'un petit détour, je gagnai la grande route de Paris à Lyon par le Bourbonnais, afin de traverser la magnifique forêt de Fontainebleau, et voir en même temps le palais qu'elle cache sous les rameaux de ses arbres séculaires. Après avoir dépassé Nevers, j'étais invité à chaque pas à prendre place dans des pataches qui faisaient une redoutable concurrence aux voitures de long cours par la modicité du prix de transport. Les cochers de ces véhicules destinés aux prolétaires se nommaient patachons, et l'un d'eux, plus facétieux que ses confrères, parvint à me faire faire une étape dans sa voiture, malgré le plaisir que je prenais à promener mes regards autour de l'horizon en cheminant seul.

— « Dites donc, pays, me dit ce joyeux cocher d'un air de familiarité qui eût laissé croire que nous nous connaissions de longue date, si vous voulez vous faire passer pour un lord anglais, vous n'avez qu'à vous dissimuler dans mon équipage. C'est bon genre et pas cher de voyager avec moi; pour quarante sous, je me charge de biffer cinq mortelles lieues de votre route. Acceptez ma proposition, et vous verrez que vos jambes et vos escarpins d'Auvergnat ne s'en plaindront pas dans le trajet que nous ferons ensemble.

« Quand il vit que ces facéties ne suffisaient pas pour vaincre l'obstination que je mettais à repousser ses offres, il finit par baisser son prix de transport de moitié, et je fus vaincu. Le coursier qui traînait cette patache s'appelait Abd-el-Kader; et si les coups de fouet qu'il reçut dans ce court trajet étaient l'effet de ma présence dans cet équipage rustique, je présume que le prix de ma place, en le transformant en picotin, n'eût pas suffi pour dédommager ce pauvre animal de la peine que je lui avais causée. Pour mon compte, j'avais le corps brisé par les secousses quand je quittai ce véhicule pour me confier de nouveau à la locomotion de mes jambes. Ce fut donc à pied que je fis mon entrée dans la capitale du monde civilisé, où je suis resté une journée à gratifier ma légitime curiosité. Après avoir admiré et apprécié à la hâte toutes les beautés extérieures de cette grande ville, je partis pour le Havre, où je trouvai, poste restante, une lettre de ma mère chérie en réponse de celle que je lui avais adressée, en signe d'éternel adieu, au moment de quitter Châlons-sur-Saône.

« Cette précieuse missive contenait une bénédiction maternelle accompagnée d'un mandat de quelques centaines de francs, que cette tendre mère avait pu dérober à mon profit à la bourse de mon père qui, j'en suis sûr, regrettait sa conduite à mon égard du fond du cœur; mais il ne pouvait trouver assez de force morale pour vaincre le déplorable fanatisme qui l'empêchait de reconnaître ses torts envers moi. » Ce récit résume toute l'histoire de mon obscure existence, mes amis. Je fais des vœux bien sincères pour que l'avenir nous réserve à tous, dans la belle et fertile Amérique, le bonheur que nous y allons chercher.

Cette narration fut écoutée avec autant d'intérêt que de sympathie par tous les membres du Cercle. J'invite le lecteur à se rappeler la touchante histoire de cet humble passager; car je me ferai plus tard un devoir de la terminer pour rendre hommage au noble caractère d'un homme obscur, préférant souffrir les douleurs de la misère que de trouver la prospérité en sacrifiant les austères vertus de son âme.

CHAPITRE XIX.

Le Duel.

J'avais promis une réponse le lendemain à M. Alfred, relativement à la part qu'il voulait me faire prendre dans son altercation avec le gros Gascon. Il fut ponctuel à venir me demander ce que j'avais résolu dans son intérêt, et je répondis que je lui accordais mon intervention dans le but de faire évanouir cette frivole difficulté, en faisant intervenir seulement les armes de la raison. Mais j'oubliais que la raison est la dernière chose à laquelle s'adresse l'homme pour demander le chemin de la justice, dont il s'écarte comme par plaisir.

Pour reconnaître par anticipation les services que je pouvais lui rendre en cette délicate circonstance, M. Alfred me fit une esquisse de son passé, que je reproduis ici sans manquer aux convenances, puisque je ne donne que le prénom de ce jeune homme pour ne pas faire de personnalité.

« Mon père, me dit-il, est un gros propriétaire de la Picardie, où il réside en ce moment et où je suis né. Il est veuf depuis plusieurs années, et son existence s'écoule dans le calme de la vie champêtre sur un de ses domaines. Je suis le plus jeune des six enfants dont se compose la postérité de l'auteur de mes jours. Mon père n'a rien négligé pour nous donner à tous une instruction pratique et une profession à chacun de ses fils, conformément à ses goûts et à son aptitude. Seul je suis resté sourd aux désirs paternels sur ce dernier point en refusant de suivre aucune carrière; et l'oisiveté a porté chez moi le fruit qu'elle porte généralement chez les jeunes désœuvrés favorisés de la fortune. Comme vous devez le supposer, je me gardai bien de rester dans la maison paternelle pour y mener ma vie paresseuse après ma sortie du collége. La capitale était la seule ville qui pût convenir à mon oisiveté et à mon genre d'existence. Mon trop bon père m'accordait une pension capable de répondre grandement aux besoins d'un jeune homme de bonne conduite; mais elle était loin de pouvoir suffire aux exigences d'une vie dissipée comme celle que je menais.

« Ce désordre me contraignit bientôt de recourir à la caisse de l'usure pour ajouter de ruineuses et coupables ressources à celles que je trouvais dans la générosité paternelle. Ce fut un ex-garde du corps de Charles X, qui se chargea de me patroner près des usuriers; et malgré le titre d'ami qu'il me prodiguait si chaleureusement, j'ai su que mon protecteur me faisait chèrement payer ses services en se faisant le complice des arpagons qui daignaient accepter mon papier en échange de leurs écus. Je me souviendrai toujours de l'habileté que déploya une fois mon ancien garde du corps pour me faire souscrire une lettre de change de vingt mille francs, qu'on m'escompta avec un solde de jouet d'enfant, et deux mille francs en espèces. Ce solde de joujoux qui m'avait été compté pour une valeur réalisable de quinze mille francs, m'a donné deux mille cinq cents francs nets, ce qui me faisait une somme de quatre mille cinq cents francs pour ma lettre de change de vingt mille francs.

« De pareilles transactions ne pouvaient manquer de m'ouvrir les portes de la prison pour dette, et c'est ce qui arriva en effet.

« Quand je fus à Clichy, mon ami, l'ex-garde du corps, s'empressa d'informer mon père de ma captivité, en s'efforçant de lui prouver que j'étais une victime innocente d'un trop rigide créancier. Jadis les fils prodigues des bonnes maisons trompaient leurs parents avec l'aide de valets astucieux; mais aujourd'hui ce sont nos amis qui se chargent de jouer le rôle des scapins d'alors, à condition, il est vrai, qu'ils y trouveront, comme les valets de Molière, une honnête rétribution.

« Mon père se hâta donc de venir à Paris pour me rendre à la liberté en acquittant mes dettes. Cet empressement n'était pas seulement suscité par l'affection que me portait l'auteur de mes jours, il avait encore pour mobile la crainte que peut avoir un homme d'honneur de laisser ternir son nom par la dépravation effrénée qui s'empare presque toujours des jeunes gens n'ayant plus aucun droit à la considération publique.

« Après m'avoir demandé compte de ma conduite, et avoir reçu de moi la promesse de changer ma manière de vivre, mon trop bon père me rendit donc à la liberté et quitte de toutes dettes. Je restai à Paris; et cela suffisait pour que je retombasse dans la même vie de désordres qui m'avait conduit à Clichy. En effet, je ne fus pas longtemps sans contracter de nouvelles dettes aussi ruineuses et aussi flétrissantes que celles qui m'avaient déjà ravi ma liberté. Cette conduite eut donc les conséquences légales qu'un débiteur dans ma position doit attendre de ses créanciers; c'est-à-dire que je fus de nouveau incarcéré pour acquitter des dettes qui déshonorent autant ceux qui les contractent que ceux qui en réclament le paiement intégral. Mais cette fois mon père me donna le temps de réfléchir sérieusement dans la demeure des insolvables, avant de venir m'y proposer ma délivrance en m'imposant une condition qui pouvait mieux, que de simples promesses, lui offrir les garanties dont il avait besoin pour me forcer à réformer ma coupable conduite, si je n'étais pas incorrigible. Il ne consentit à me donner la liberté qu'à la condition que je m'embarquerais sans délai pour les États-Unis. J'acceptai cette sage proposition, et ma présence sur ce navire vous prouve, Monsieur, que j'ai tenu ma promesse. Je me rends donc sur la terre étrangère avec la ferme résolution de réparer les fautes de mon passé autant qu'il me sera permis de le faire. Je veux me livrer, désormais, au travail dans toute la mesure de mes forces et de mes capacités. Pour m'encourager dans cette voie salutaire, mon père m'a promis de m'avancer une somme assez considérable pour me mettre à même de faire le commerce qui pourrait convenir à mes goûts et à mon aptitude. Seulement, il m'a dit qu'il voulait voir les efforts que je ferais pour tirer profit des quelques milliers de francs que j'emporte, avant de venir à mon aide d'une manière plus libérale. Vous comprenez, Monsieur, que si je veux vider ici ma querelle avec M. Dantilignac, c'est pour ne laisser sur mon chemin aucun obstacle à la conduite régulière et laborieuse que je me promets d'observer dans le Nouveau-Monde. Rien ne serait moins conforme à cette manière d'agir qu'un duel à mon arrivée à la Nouvelle-Orléans. Et maintenant que vous connaissez mes fautes et le repentir que j'en ai, vous pouvez, Monsieur, me servir en cette délicate circonstance avec pleine connaissance de cause, et avec toute l'efficacité que peut offrir l'intervention d'un homme qui classe les duellistes parmi les meurtriers. »

Le repentir de M. Alfred, pour ses fautes de jeunesse, me paraissant sincère, je pris à cœur d'aplanir les difficultés qui s'élevaient de nouveau sur son chemin comme pour ébranler ses bonnes résolutions. Dès le même jour, j'eus un entretien avec son antagoniste pour arriver au but que j'avais en vue. Pour rien au monde, me dit d'abord ce belliqueux Gascon, je voudrais retracter les paroles qui m'ont valu la provocation de ce beau jeune homme. Je suis prêt à lui en donner satisfaction sur ce navire, le jour et l'heure qu'il lui plaira de choisir.

Pour vaincre une si opiniâtre résistance, j'allai chercher un célèbre auxiliaire que j'avais dans ma malle.

— Écoutez, dis-je à mon interlocuteur, ce que J.-J. Rousseau pensait du duel ; et je lui lus ce passage :

« Gardez-vous de confondre le nom sacré de l'honneur avec ce préjugé féroce qui met toutes les vertus à la pointe d'une épée, et n'est propre qu'à faire de braves scélérats. En quoi consiste ce préjugé ? Dans l'opinion la plus extravagante et la plus barbare qui entra jamais dans l'esprit humain ; savoir, que tous les devoirs de la société sont suppléés par la bravoure ; qu'un homme n'est plus fourbe, fripon, calomniateur; qu'il est civil, humain, poli, quand il sait se battre; que le mensonge se change en vérité, que le vol devient légitime, la perfidie honnête, l'infidélité louable, sitôt qu'on soutient tout cela le fer à la main; qu'un affront est toujours bien réparé par un coup d'épée, et qu'on n'a jamais tort avec un homme pourvu qu'on le tue. Il y a, je l'avoue, une autre sorte d'affaires où la gentillesse se mêle à la cruauté, et où l'on ne tue les gens que par hasard; c'est celle où l'on se bat au premier sang! Au premier sang! grand Dieu! Et qu'en veux-tu faire de ce sang, bête féroce? le veux-tu boire?

« Les plus vaillants hommes de l'antiquité songèrent-ils jamais à venger leurs injures personnelles par les combats particuliers? César envoya-t-il un cartel à Caton, ou Pompée à César, pour tant d'affronts réciproques? Et le plus grand capitaine de la Grèce, fut-il déshonoré pour s'être laissé menacer d'un bâton? D'autres temps, d'autres mœurs, je le sais; mais n'y en a-t-il que de bonnes, et n'oserait-on s'enquérir si les mœurs d'un temps sont celles qu'exige le solide honneur? Non, cet honneur n'est point variable, il ne dépend ni des temps, ni des lieux, ni des préjugés; il ne peut ni passer, ni renaître; il a sa source éternelle dans le cœur de l'homme juste et dans la règle inaltérable de ses devoirs. Si les peuples les plus éclairés, les plus braves, les plus vertueux de la terre n'ont point connu le duel, je dis qu'il n'est point une institution de l'honneur, mais une mode affreuse et barbare, digne de sa féroce origine.

« L'homme droit, dont toute la vie est sans tache et qui ne donna jamais aucun signe de lâcheté, refusera de souiller sa main d'un homicide et n'en sera que plus honoré. Toujours prêt à servir la patrie, à protéger le faible, à remplir les devoirs les plus dangereux, et à défendre en toute rencontre juste et honnête ce qui lui est cher au prix de son sang, il met dans ses démarches cette inébranlable fermeté qu'on n'a point sans le vrai courage. Dans la sécurité de sa conscience, il marche la tête levée; il ne fuit ni ne cherche son ennemi. On voit aisément qu'il craint moins de mourir que de mal faire, et qu'il redoute le crime et non le péril. Si les vils préjugés s'élèvent un instant contre lui, tous les jours de son honorable vie sont autant de témoins qui les récusent, et dans une conduite si bien liée, on juge d'une action sur toutes les autres.

« Les hommes si ombrageux et si prompts à provoquer les autres sont pour la plupart de malhonnêtes gens qui, de peur qu'on n'ose leur montrer ouvertement le mépris qu'on a pour eux, s'efforcent de couvrir, de quelques affaires d'honneur, l'infamie de leur vie entière.

« Tel fait un effort et se présente une fois, pour avoir le droit de se cacher le reste de sa vie. Le vrai courage a plus de constance et moins d'empressement; il est toujours ce qu'il doit être, il ne faut ni l'exciter ni le retenir. L'homme de bien le porte partout avec lui : au combat contre l'ennemi; dans un cercle, en faveur des absents et de la vérité; dans son lit, contre les attaques de la douleur et de la mort. La force de l'âme qui l'inspire est d'usage dans tous les temps : elle met toujours la vertu au-dessus des événements, et ne consiste pas à se battre, mais à ne rien craindre. »

— Que pensez-vous, Monsieur, de cette appréciation du duel? dis-je à l'adversaire de M. Alfred, après avoir fini la lecture de cet admirable passage. Ma question embarrassa visiblement mon interlocuteur, mais l'amour-propre ayant chez lui plus de puissance que la raison, il me répondit :

— En écrivant ainsi, J.-J. Rousseau faisait son métier de philosophe, et peut-être serait-il le premier, s'il vivait encore, à blâmer intérieurement ma conduite, si j'écoutais ses beaux conseils en ce moment?

— Permettez-moi de vous dire, Monsieur, que votre langage est aussi blessant pour la vérité que contraire à la civilisation, dont la mission consiste à flétrir le préjugé pour le faire disparaître au profit du progrès qui émane de la raison. Mais puisque vous persévérez à vouloir prouver la culpabilité de M. Alfred avec les arguments qu'un spadassin peut tirer d'une épée, je vais en faire part à votre adversaire, afin qu'il se prépare à la lutte que vous exigez de lui.

J'informai donc M. Alfred du résultat négatif de ma démarche auprès de M. Dantilignac.

— Puisque vous avez commencé, me dit-il, il faut que vous alliez jusqu'au bout. Il y a un passager à l'entre-pont qui possède des fleurets, je vais le prier de bien vouloir me les prêter, sans lui dire l'usage que j'en veux faire. De votre côté, ayez l'obligeance de faire savoir à mon antagoniste que j'exige qu'il me rende raison sans délai de sa conduite envers moi.

Je me suis refusé de toutes mes forces à jouer un rôle dans cette lutte barbare; mais la crainte de voir les deux adversaires se livrer seuls à cette coupable vengeance m'a déterminé à y prendre part, espérant conjurer les plus graves conséquences qui pouvaient en résulter. Quand on pense qu'un démenti peut coûter la vie d'un homme!!

En bonne logique, un démenti, justement appliqué, ne fait qu'infliger au menteur le châtiment qu'il mérite. Quant à celui qui est faussement accusé de mensonge, le meilleur moyen de se venger d'une telle offense, c'est de prouver qu'il a dit la vérité.

Enfin, le combat fut résolu pour la nuit suivante ; il devait avoir lieu aux fleurets démouchetés. M. Dantilignac avait choisi pour second le protecteur de la jeune fille, qui était la cause du duel. Ce choix indiquait clairement l'impossibilité d'effectuer une réconciliation amicale entre les adversaires, puisqu'en cette fâcheuse occurrence notre ex-colonel de l'empire se faisait presque juge et partie. On me permettra d'ajouter que cette conduite n'était guère conforme aux principes que les militaires professent généralement concernant les *affaires d'honneur*.

Pour n'avoir pas à me reprocher d'avoir négligé de prendre toutes les précautions en mon pouvoir, dans le but d'atténuer autant que possible les funestes conséquences de cette folle rencontre, j'en fis part au docteur Ruberac, en le priant de bien vouloir y assister, afin de prêter les secours de sa noble profession aux combattants en cas de besoin. Cet homme de bien ayant acquiescé à ma demande, le denouement de ce drame nocturne ne m'inspirait donc plus autant de crainte pour les jours de ces deux irréconciliables adversaires.

Le gaillard d'avant étant la place la plus solitaire et la moins encombrée du pont, fut choisi pour servir de champ de bataille. L'heure de minuit fut désignée pour le rendez-vous, comme étant la plus favorable à dissimuler la lutte par le mouvement qui, à ce moment-là, avait lieu à bord en relevant les officiers et les matelots de garde. Tout le monde fut ponctuel à se rendre au lieu indiqué. La lune donnait une clarté suffisante pour permettre aux deux antagonistes de faire usage de leur barbare dextérité. Mais avant de la mettre à l'épreuve, cette dextérité sauvage, je fis une dernière tentative pour amener une réconciliation entre les adversaires; mes efforts n'eurent d'autre résultat que de retarder la lutte un moment de plus. Il ne restait donc qu'à remettre les armes aux combattants qui, aussitôt, croisèrent le fer avec une attitude dont un maître d'escrime eût été fier. Pendant cinq minutes environ, ils se portèrent une série de coups qui furent plus ou moins habilement parés de part et d'autre; mais la corpulence de M. Dantilignac donnant à son antagoniste un avantage réel, ce dernier en profita avec un soin qui révélait plus de justice que de haine. En effet, M. Alfred, ayant reconnu après les premières passes qu'il avait un jeu supérieur à celui de son ennemi, cherchait à toucher les membres pour épargner le corps; et grâce à cette généreuse précaution, M. Dantilignac en fut quitte pour une blessure d'une légère profondeur dans le gras du bras droit. Dès lors le combat cessa, et l'*honneur fut satisfait*, comme l'exigeait l'odieux préjugé qui avait amené cette rencontre.

Le docteur Ruberac suivit le vaincu dans sa cabine pour panser sa blessure; et quelques heures plus tard, les acteurs et les témoins de cette rencontre nocturne goûtaient le repos du sommeil avec la satisfaction qu'on éprouve à la suite d'un grave danger qu'on n'a plus à redouter. Ce dénouement a bien un peu froissé l'amour-propre du belliqueux Gascon; mais il s'en est consolé en songeant que ce coup d'épée aurait pu le priver de la vie pour lui faire expier des paroles inconsidérées.

La cruelle absurdité du duel se manifeste en cette

occasion comme dans toutes celles qui lui ressemblent. La jeune fille qui était l'objet de ce combat était-elle plus ou moins coupable après l'issue de cette rencontre ? Si le duel était l'expression de la vraie justice, de la justice absolue, elle était donc coupable de la liaison immorale dont on l'accusait, puisque son défenseur avait été vaincu ; et par contre, le jeune Alfred était innocent, puisqu'il avait été le vainqueur. Voilà la logique de la force brutale, au nom de laquelle des peuples, se disant faussement civilisés, se laissent gouverner en plein dix-neuvième siècle.

On comprend que ce duel alimenta plusieurs jours la conversation du bord, aussi bien à l'entre-pont qu'à la chambre ; et les réflexions qu'il inspirait aux passagers n'étaient pas de nature à faire évanouir les motifs qui l'avaient suscité.

CHAPITRE XX.

Incidents et facéties.

En ce monde, non comme Dieu l'a fait, mais comme les hommes l'ont défait, il y a peu de joie et beaucoup de larmes. Cependant, il ne faudrait à l'humanité que du bon vouloir pour se soustraire à la plupart des malheurs qui l'accablent; car la grosse somme de ses plus vives douleurs n'ont d'autre source que le superflu de l'un et la pauvreté de l'autre. Certes, personne ne peut nier que le bien-être ne soit pour la vertu une source vivifiante, de même que la grande fortune est souvent une cause de dégradation morale, en attirant l'homme dans le chemin d'une vanité dissolue.

Sur un navire comme le nôtre, où se trouve un si grand nombre de passagers à la chambre et à l'entrepont, le confort et le dénûment y font un contraste incessant. D'un côté, le plus strict nécessaire manque, quand, de l'autre, l'abondance règne dans toute sa générosité rationelle. Mais ce pénible contraste n'aurait pas lieu si, d'un côté, il y avait un peu moins, pour laisser un peu plus de l'autre.

Je plaignais autant que j'admirais les efforts que faisait M. Mouchelin pour adoucir, par la philosophie, les aspérités de sa position. Mais parfois ce digne vieillard montrait à nu les douleurs de son cœur quand son pauvre idiot de fils se livrait complétement à sa stupidité. Un jour, par exemple, il prit à ce malheureux garçon la fantaisie d'aller se percher au bout du mât de beaupré, et de s'y livrer à des évolutions gymnastiques, qui l'exposaient à chaque instant à tomber dans l'abîme pour ne jamais reparaître.

En voyant son fils faire des évolutions si périlleuses, ce bon père fut saisi d'une mortelle frayeur, qui lui laissait à peine la force de rappeler de ce dangereux poste cet insensé. Au lieu d'obéir à cette paternelle injonction, le jeune Achille ne faisait qu'en rire et y trouver l'occasion de redoubler la témérité de ses fantastiques exercices d'acrobate amateur.

— Veux-tu descendre, malheureux enfant! répéta peut-être vingt fois en vain ce bon vieillard d'une voix navrée de douleur et d'anxiété. Et, comme Achille ne faisait aucun cas de l'autorité paternelle, M. Mouchelin s'adressa aux officiers pour obtenir par la force ce qu'il n'avait pu obtenir de son fils par la raison. Deux vigoureux matelots, dépêchés par ordre supérieur, allèrent saisir l'enfant récalcitrant et le ramenèrent promptement sur le pont, en dépit de la résistance de ce téméraire acrobate. Le père était trop indigné de la conduite de ce fils insensé pour ne pas lui en faire sur-le-champ de justes et rigides reproches.

— Misérable enfant! lui dit-il quand les deux matelots le lui remirent entre les mains, n'as-tu pas honte de forcer ton père à recourir aux étrangers pour t'imposer l'obéissance que tu lui dois? C'est donc ainsi que tu prétends payer les sacrifices que ton vieux père fait pour t'assurer un avenir? Tu es donc sans cœur, sans âme, sans entrailles, pour répondre ainsi à l'affection que je te porte, malheureux? Si la mort te privait de moi, fils ingrat, tu saurais vite de quel poids mon existence est dans la balance de ton bonheur.

Achille qui, jusque-là, s'était borné à écouter cette semonce avec une stupide indifférence, s'éloigna brusquement de son père pour ne pas entendre une leçon qui ne produisait sur lui d'autre effet que celui de l'ennuyer visiblement; et, en partant, il fit un mouvement de bras comme pour dire : « Je me moque bien d'un sermon que je ne comprends pas. » Mais dans l'égarement de sa douleur, ce pauvre père prit ce mouvement d'impatience pour la plus outrageante menace qu'un enfant puisse se permettre envers l'auteur de ses jours.

— Tu menaces de frapper ton vieux père! s'écrie alors M. Mouchelin d'une voix navrée de la plus vive douleur. Tu oses porter l'infamie jusqu'à lever la main sur l'auteur de tes jours, misérable! Ah! malheureux! ta conduite sera récompensée comme elle le mérite par celui qui nous juge tous après la mort. Disparais de mes regards, indigne créature! fuis loin de moi, enfant rebelle, pour m'éviter la honte de rougir de mon propre sang! Malheur à toi! race de Caïn, car tu trouveras sur le chemin de la vie la récompense de ce premier fils criminel!

Après avoir prononcé ces douloureuses paroles, le

pauvre vieillard alla dans l'entre-pont cacher le chagrin que lui causait l'ineptie, ou plutôt l'idiotisme de son fils. Je le répète, Achille était idiot, et son digne père, loin de reconnaître en son enfant cette infirmité intellectuelle, la métamorphosait en indocilité filiale, ou en simples espiègleries enfantines.

Dans une agglomération si considérable de passagers, il y a une opinion publique de laquelle tout le monde est passible, comme dans une petite localité. Dans l'entre-pont, il se trouvait deux individus ayant un lien d'affection qui était loin d'être exemplaire, si j'en dois croire la chronique. Il paraîtrait que ces deux émigrants étaient deux prêtres défroqués que des méfaits conduisaient sur la plage américaine, où ils croyaient sans doute pouvoir mieux dissimuler la conduite qui les avait rendus indignes d'accomplir les devoirs sacrés du sacerdoce. Une chose incontestable pour moi, c'est que ces deux hommes étaient l'objet du plus profond mépris de toute la gent de l'entrepont.

Sous le rapport du confortable, ces deux passagers étaient des princes, si je les compare à la masse de leurs compagnons de voyage. Ils avaient une nourriture abondante et saine, et le vin ne leur faisait défaut à aucun repas. Aussi étaient-ils l'un et l'autre gros et gras comme de vrais chanoines. Ils s'étaient pourvus d'une couche séparée de celles de la multitude, et cet isolement ne faisait que confirmer, aux yeux de la chronique, la source impure de l'intimité qui régnait entre eux.

Un jour que notre navire naviguait sous toutes ses voiles avec autant de grâces que de facilités, la rumeur courut à bord que nous verrions la terre dans cette même journée. Quelle était cette terre? personne n'en savait le nom; seulement, on savait que ce n'était pas le continent du Nouveau-Monde. Mais chacun ne s'en faisait pas moins une grande joie de pouvoir saluer et même admirer la plus humble des îles qui pourrait se trouver sur notre chemin.

Tous les regards étaient donc dirigés vers l'horizon immense qui se déroulait devant notre bâtiment; et, plus d'une fois, on vit les passagers prendre un nuage grisâtre et immobile pour la terre inconnue que les yeux les plus pénétrants cherchaient en vain. Il n'y a que celui qui a été longtemps privé de l'aspect de la terre qui peut apprécier le plaisir que fait éprouver son apparition subite; c'est une sensation que je ne dois pas chercher à décrire; je dois me borner à inviter ceux qui la veulent éprouver à employer le moyen que j'ai employé moi-même.

Je disais donc que tous les yeux sondaient les profondeurs de l'horizon pour aller au-devant de cette terre, annoncée par la rumeur publique; mais c'était en vain que les regards se promenaient ainsi dans le vide pour y chercher un point solide quelconque de notre globe. Les plus impatients regardaient de temps en temps la mâture élancée du navire, et auraient voulu se voir au bout du mât de perroquet pour mieux dominer l'espace. Non-seulement cette ascension est difficile et dangereuse à accomplir pour celui qui n'est pas marin, mais elle est défendue aux passagers assez téméraires pour la tenter. Ceux qui violent ce règlement sont passibles d'être solidement attachés avec des cordes, par les matelots, à l'endroit où ceux-ci attrapent le délinquant, dont la délivrance ne peut s'effectuer qu'en payant une amende à l'équipage. On comprend que les matelots se gardent bien de proclamer le règlement qui s'oppose à ce que les passagers aillent faire des excursions au bout des mâts, c'est au contraire un voyage aérien qu'ils provoquent, en stimulant votre curiosité aux approches de la terre.

Parmi les deux passagers dont j'ai parlé, il s'en trouvait un qui avait plutôt les allures d'un soldat que celles d'un prêtre, même défroqué. L'autre était timide et peureux; mais sa timidité semblait plutôt l'effet de la honte qui surgit d'une conscience coupable, que de la fragilité de son organisation nerveuse. Aussi, le premier ne se borna pas à regarder la mâture du navire de dessus le pont, comme le faisaient les passagers qui enviaient le bonheur de s'y voir perchés; sans s'inquiéter des conséquences que pouvait avoir cette téméraire ascension, il se met à grimper comme un chat dans les haubans, tout en narguant ceux qui étaient trop timorés pour le suivre. Les matelots le laissèrent aller jusque sur les haubans du grand mât de hune avant d'aller mettre un terme à ce petit voyage d'agrément; mais, arrivé là, notre intrépide passager se vit accoster par deux vigoureux marins qui le crucifièrent sur place, en dépit de la résistance énergique qu'il opposait pour se soustraire à cette onéreuse captivité.

Une fois que les deux matelots l'eurent solidement attaché par les pieds et les mains, ils le laissèrent là, en lui disant qu'ils ne le rendraient à la liberté qu'en échange de cinq francs. Le passager refusa de se laisser rançonner ainsi, croyant que le capitaine interviendrait en sa faveur dans cette négociation. Il cria, de son lit de supplice, à son digne camarade de faire une démarche près du chef du bord, pour solliciter son intervention dans cette difficulté. Le digne ami de la victime souscrivit avec empressement à cette demande ; mais le capitaine fut inflexible. « Lorsqu'on viole les règlements du bord, dit-il, on en doit subir les rigueurs. C'est aux matelots que vous avez affaire ; arrangez-vous avec eux. » L'ambassadeur revint tristement annoncer le fâcheux résultat de sa démarche à son tendre ami, qui n'en persista pas moins à refuser la rançon demandée. Ce refus obstiné était d'autant plus surprenant de la part de cet individu, qu'il passait aux frais de son compagnon, auquel il n'avait qu'à dire un mot pour lui faire payer cette modique somme. Vingt fois, peut-être, ce dernier demanda au captif s'il fallait donner les cinq francs de rançon à l'équipage; mais chaque fois cette demande provoquait au prisonnier aérien une nouvelle réponse négative.

Je n'ai jamais rencontré deux personnages qui personnifiassent mieux le célèbre Robert Macaire et son ami Bertrand que ces deux passagers. Dans cette attitude aérienne, l'autre était aussi audacieux et même insolent, que l'autre était soumis, craintif et empressé. A chaque instant, il demandait à son ami comment il se trouvait; s'il souffrait beaucoup dans cette haute position. Le captif répondait qu'il se sentait la force de lasser ses persécuteurs et de les contraindre à le lâcher gratis.

Pour comble de malheur, le Bertrand de ce Robert Macaire se laissa persuader qu'il avait le droit d'aller rendre son ami à la liberté, que les règlements ne s'y opposaient pas. Notre Bertrand chercha bien à s'informer un peu de la vérité sur ce point; mais les hommes de l'équipage qu'il interrogeait pour se mieux renseigner ne pouvaient lui répondre, ne comprenant pas le français; mais, l'eussent-ils compris, il est plus que probable qu'ils se seraient bien gardés de lui dire à quoi il s'exposait en allant affranchir son cher compagnon de voyage.

Le pauvre Bertrand hésita longtemps à tenter la délivrance de son digne ami Robert Macaire; mais son tendre cœur était si navré et sa douleur si vive en voyant ce châtiment se prolonger depuis une heure, qu'il finit par trouver dans son dévouement assez de courage et d'intrépidité pour voler au secours de son cher camarade. Je déclare que je ne croyais pas cet homme capable d'accomplir une mission aussi téméraire. Du reste, je dois dire que le malheureux tremblait de tout son corps en franchissant chaque échelon de corde des haubans du grand mât. Il était si préoccupé de la chute périlleuse qu'il pouvait faire, en étouffant ainsi sa timorité naturelle pour n'écouter que sa tendresse, qu'il ne s'aperçut pas que deux matelots le suivaient à distance pour lui infliger la même punition qu'à son audacieux compagnon. Le malheureux Bertrand ne fit pas la moindre résistance pour se soustraire à cette détention, que la gent de l'entre-pont accueillit avec une joie frénétique.

Pour manifester d'une manière moins équivoque encore leur antipathie à ces deux individus, les habitants de l'obscur séjour s'entendirent comme un seul homme pour improviser un monstrueux charivari en l'honneur des deux captifs. Toute la batterie de cuisine de cette légion de prolétaires intervint dans ce concert étourdissant. On aurait dit que ce tapage diabolique avait donné envie au vieux Neptune de se mettre de la partie ; car, en ce moment, un grain vint fondre sur le navire avec une abondance irréprochable; mais ce déluge fut impuissant, néanmoins, pour faire cesser le vacarme qui se faisait entendre sur le pont.

Le timide Bertrand, en dépit des conseils que lui donnait son intrépide Robert Macaire de prolonger la résistance jusqu'à ce que les matelots fussent contraints de les délivrer gratis, déclara, du haut de son calvaire, que cette épreuve était au-dessus de ses forces physiques et morales, et qu'il était conséquemment disposé à négocier avec ses persécuteurs. Dès lors les négociations commencèrent sérieusement. Comme il y avait parmi l'équipage un matelot canadien qui parlait français, ce fut lui qu'on chargea de remplir les délicates fonctions de diplomate pour obtenir la meilleure rançon possible des deux captifs. La résistance de ces derniers n'avait donc servi qu'à rendre l'équipage plus exigeant. Il ne s'agissait plus de cinq francs de rançon en ce moment : le Bertrand se trouvant avoir une assez belle quantité de vin de Champagne parmi les marchandises inscrites au manifeste, les matelots le surent, et ne voulurent rien moins qu'un panier du précieux liquide en échange de la liberté des deux crucifiés. Le pauvre Bertrand défroqué eut beau dire que le champagne de la qualité du sien se vendait en gros jusqu'à dix francs la bouteille à la Nouvelle-Orléans; que c'était une somme de plus de cent vingt-cinq francs qu'on lui enlevait de sa poche, en le forçant à donner un panier de son nectar, ces arguments n'eurent d'autre résultat que celui de retarder la délivrance de l'orateur qui les faisait valoir. Les matelots avaient décidé qu'ils auraient un panier du pétillant liquide, et ils n'en voulurent pas rabattre une seule bouteille. Conséquemment, il fallait donc payer cette rançon, ou se résigner à faire un séjour indéterminé dans les haubans du navire. La nuit approchait, et les vagues se gonflant de plus en plus sous l'impulsion d'une brise croissante, Bertrand déclara à son ami que les forces lui manquaient pour supporter plus longtemps la vive douleur qu'il ressentait à la plante des pieds; le froid le gagnait et lui causait aussi un malaise intolérable, disait-il, depuis que la pluie l'avait inondé : tous ces motifs étaient plus que suffisants, sans doute, pour déterminer un homme plus courageux que ce défroqué à capituler au prix d'un panier de champagne.

Pour que cette capitulation ne pût être modifiée ni révoquée par la partie intéressée à le faire, un des officiers fut appelé pour recevoir personnellement l'ordre du pauvre Bertrand de livrer à l'équipage un panier du vin mousseux, inscrit sur le manifeste au nom et pour le compte du captif.

Cet ordre était à peine transmis, que deux matelots s'élancèrent avec la légèreté des singes dans les haubans, pour y délivrer leurs prisonniers aériens; et ceux-ci regagnèrent leur ténébreux séjour, accompagnés des huées de tous les passagers de l'entre-pont. L'audacieux Macaire fit bonne contenance à cette bourasque réprobative; mais son camarade la reçut avec une confusion qui lui clouait les regards à ses pieds. Ces détails étaient trop puérils pour inspirer des regrets à l'équipage sur les dures conditions qu'il avait mises à la délivrance de ses captifs. Dès le même soir, nos marins voulurent savoir si le champagne de Bertrand était digne des pompeux éloges qu'il en avait fait du haut de son gibet. Le liquide fut trouvé délicieux; et si l'officier eût voulu donner le panier d'un seul coup, il est certain que les douze bouteilles auraient été vidées séance tenante. Mais le supérieur connaissait trop la fâcheuse influence que cette libation pouvait exercer sur la raison de ses subordonnés pour la leur permettre; il délivra donc le nectar champenois en six fois, et l'équipage eut la courtoisie de ne jamais verser le précieux liquide dans ses gobelets de fer-blanc sans porter un toast en l'honneur de ceux qui leur avaient fait ce cadeau, bien qu'ils ne l'eussent fait que de très-mauvaise grâce.

Pour être philosophe, un homme n'en a pas moins ses petites habitudes et même ses petits défauts. Bien que la philosophie du papa Colin fût d'une trempe antique, elle n'était pas invulnérable, cependant; car j'ai vu la sérénité de ce brave homme faire place à un mouvement de contrariété, provenant d'une cause assez légère pour provoquer un sentiment contraire chez des gens moins indulgents que le zélé président de l'entrepont.

Puisque le plus parfait des hommes n'est pas exempt de faiblesse, il n'était donc pas surprenant de voir le papa Colin posséder les siennes. Il avait, en outre, la bonne habitude de se lever de grand matin, surtout à la suite de son élévation à la présidence de la gent de l'entre-pont. Mais, à cette habitude matinale, il avait encore celle de saluer l'aurore avec un verre de liquide composé de cognac fortement mouillé et passablement sucré, si bien que cette mixtion était très-agréable à prendre et digne d'humecter le biscuit de cet humble magistrat. C'était sur le pont, en plein air, que le papa Colin rendait cet hommage à l'apparition des premières lueurs de l'astre du jour. Plus d'une fois je fus témoin de cette douce libation, et je jouissais vraiment du bonheur que goûtait ce brave homme en portant à sa bouche alternativement le biscuit qu'il tenait d'une main et le gobelet de fer-blanc qu'il tenait de l'autre. Les hommes de l'équipage avaient souvent aussi contemplé ce bon vieillard dans l'accomplissement de cet avant-déjeuner; mais ils convoitaient plutôt le liquide du gobelet, qu'ils ne se réjouissaient de le voir vider par le papa Colin. Je vais rapporter un fait qui vient à l'appui de cette assertion.

Un jour que j'étais allé de grand matin respirer le frais sur la dunette, je vis sortir le papa Colin par la grande écoutille, tenant son gobelet de fer-blanc dans lequel se trouvait le précieux breuvage destiné à saluer l'aurore. Ce brave homme avait une place de prédilection pour faire ce repas, qu'il appelait son *réveil-matin :* il ne manquait jamais de s'asseoir sur un mât de rechange qui se trouvait couché contre les sabords.

Ce jour-là, le papa Colin avait oublié de se munir d'un morceau de biscuit avant de sortir du dortoir. Il posa donc son gobelet sous le mât qui lui servait de siége, et retourna ensuite dans le sombre séjour chercher le biscuit oublié. Mais un homme de l'équipage lui avait vu déposer le liquide dans cette cachette; et ne pouvant sans doute résister au désir d'en connaître la qualité et la nature, le pauvre président avait à peine disparu dans l'écoutille, que le matelot s'empara du gobelet, le vida d'un seul trait, et le remplit d'eau de mer avant de le remettre à sa place. Puis le larron s'alla coucher derrière des barriques, d'où il pouvait être témoin oculaire de la déception qu'il venait de préparer au plus inoffensif des hommes.

Au même instant, le papa Colin surgit de l'écoutille avec une galette de biscuit à la main. Loin de soupçonner le mauvais tour qu'on lui a joué pendant sa courte absence, il se dirige d'un air radieux vers le mât qui récèle le fameux gobelet de fer-blanc. Le brave homme s'est à peine assis sur ce mât, qu'il allonge le bras dessous pour prendre le précieux dépôt qu'il lui a confié, et le porter ensuite à ses lèvres pour arroser le biscuit qu'il grignotte; mais aussitôt je vois le gobelet voler à cinq pas de l'humble magistrat, qui fait une grimace affreuse en rejetant le liquide salé qu'on a substitué à son grog favori.

Le papa Colin, sortant de son caractère ordinaire, se récria contre le misérable qui avait commis cette bassesse. Il promenait ses regards autour de lui pour découvrir l'auteur de cette odieuse mystification; et je craignais que ses soupçons ne vinssent à mon adresse, comme je me trouvais le plus près du lieu où le précieux breuvage avait été remplacé par l'eau salée. Heureusement pour moi le coupable ne put s'empêcher de se montrer, et d'éclater de rire de la déception qu'il venait de causer au papa Colin, qui, rappelant à lui alors avec dignité la sagesse stoïque de laquelle il s'était éloigné un moment, se consola de cette mauvaise plaisanterie en voyant qu'elle n'était pas l'œuvre de ses administrés.

— Vous avez agi comme un forban, dit-il gravement au mystificateur, et je pourrais vous faire payer cher le plaisir que vous venez de prendre à mes dépens; mais je préfère me priver ce matin de cette goute fortifiante, que de vous faire châtier comme vous le méritez. Cependant, je vous préviens, n'y revenez pas; car ce breuvage est trop utile à ma santé sur ce navire pour que je passe sous silence une nouvelle plaisanterie de ce genre.

Le bon père Colin se serait dispensé d'adresser cette touchante admonition à son mystificateur, s'il eût réfléchi qu'il ne comprenait pas un mot de français. Sous l'impression de son vif mécontentement, ce brave homme n'avait pas songé qu'il prêchait dans le désert en s'exprimant d'une manière aussi paternelle qu'inintelligible pour un tel individu. Aussi le larron se retira-t-il sur l'avant du navire après cette petite semonce, sans paraître plus édifié qu'avant de l'avoir entendue. Il ne demandait peut-être à Neptune qu'une pareille occasion pour pouvoir renouveler une si bonne plaisanterie. Mais le papa Colin se garda bien, lui, de s'exposer à demander au chef du bord une correction doublement méritée par ce maraudeur.

Le lecteur se rappelle sans doute que j'ai donné l'épithète de Parisien à un passager de l'entre-pont parmi ceux qui figurent dans mes Esquisses biographiques. Ce passager avait les qualités et les défauts des gens qui naissent dans la magique cité : il avait le verbe facile et railleur; il vivait un peu dans le passé, beaucoup dans le présent, mais l'avenir ne lui offrait aucune inquiétude, sachant toujours se mettre à la hauteur de ses faveurs ou de ses exigences. La frivolité était la couleur dominante du caractère de cet enfant de la grande ville. Il n'avait à bord de plus grand plaisir que de faire une bonne plaisanterie à ses compagnons de voyage, et je dois dire qu'il lui arrivait souvent d'en faire de bien imaginées. Qu'on en juge du moins par celle que je vais rapporter ici.

Un soir que le Parisien était resté fort tard à causer sur le pont avec ceux qui se plaisaient à provoquer la souplesse de son esprit et la fécondité de son imagination, il lui vint à l'idée de mettre toute la gent de l'entre-pont en émoi à l'aide d'une simple parole bien trouvée.

J'étais à causer avec un officier de quart, lorsque ce facétieux passager vint près de nous pour nous dire que nous ne devions pas être étonnés de voir sortir dans un moment tous les passagers de seconde classe, pour venir admirer et contempler une chose invisible. Si vous voulez connaître le secret de cette éruption de bipèdes, venez écouter, me dit-il, ce que je vais dire, sous forme de monologue, en descendant l'échelle de la grande écoutille. J'acceptai l'invitation, et voici le moyen que ce jovial passager prit pour arracher de leurs couches tous ses compagnons de voyage.

— Quel homme extraordinaire, dit-il, que ce M. Arago! C'est plus qu'un homme, c'est un demi-dieu; autrement il ne pourrait pas lire dans le ciel comme je lis les absurdités d'un roman moderne.

— Qu'est-ce que tu lui veux à M. Arago? demanda Gilbert du fond de son grabat.

— Je rends hommage à sa science miraculeuse pour avoir prédit, depuis plus d'un an, l'apparition d'une comète visible sur l'Atlantique pendant un mois, à partir d'aujourd'hui même.

— On la voit? demande le bon Gilbert avec un empressement qui laisse deviner le désir qu'il a d'aller contempler la merveille céleste.

— Parbleu! je crois bien qu'on la voit; le navire est inondé de ses rayons lumineux, et moi j'en suis encore ébloui.

Pendant que le Parisien faisait ainsi l'éloge de sa comète imaginaire, Gilbert se levait à la hâte pour la venir contempler sur le pont. Il reconnut de suite à l'obscurité de la nuit qu'il venait d'être mystifié par son camarade; mais loin de lui en faire reproche, il s'en fit le complice pour mystifier tout le monde à son tour. En effet, Gilbert redescendit dans l'entre-pont pour annoncer la brillante apparition du corps lumineux inventé par son digne ami, et cette nouvelle stimula si fortement la curiosité des passagers, que tous allèrent se faire mystifier avec une facilité d'autant plus grande, que personne n'accusait les premiers mystificateurs, pour ne pas mettre les rieurs contre soi. C'était un tableau curieux à contempler que cette multitude de passagers, vêtus plus ou moins légèrement, sortant par les écoutilles et trébuchant sur le pont pour tâcher de découvrir une comète qui avait été improvisée par l'esprit facétieux d'un enfant de Paris.

Aussi pauvre qu'était notre plaisant, il n'aurait pas cédé cette farce pour la somme qu'il avait payée pour son passage de prolétaire, tant il avait de plaisir à rappeler de temps à autre cette plaisanterie à ses camarades.

CHAPITRE XXI.

Une agréable surprise.

Plus nous approchions des tropiques, plus je trouvais de bonheur à me lever de grand matin pour aller respirer la brise sur le haut de la dunette. Depuis le jour où nos prêtres défroqués avaient subi une si onéreuse punition pour s'être permis une promenade dans les gréements du navire, personne ne pensait plus à cette terre inconnue qu'on avait annoncée. On croyait que cette rumeur avait été propagée par les matelots pour exciter la curiosité des passagers de manière à s'aller percher dans la mâture pour mieux découvrir cette terre invisible, et mettre ensuite ces acrobates à l'amende. En un mot, personne parmi les passagers ne s'attendait à reconnaître d'autre terre que celle où se trouvait situé le port de notre destination.

Généralement, les capitaines américains sont très-sobres de communications pour ce qui concerne la marche du navire et la route qu'on suit. Cette discrétion n'est pas sans avoir une grande importance pour les passagers de l'entre-pont ; car il s'en trouve toujours de disposés à prodiguer les vivres quand ils voient que la traversée s'avance. Ces prodigalités ne doivent avoir lieu qu'après l'arrivée dans le port, pour ne pas s'exposer à les regretter amèrement. Un capitaine prudent ne se croit rendu à sa destination que lorsque son navire y repose solidement enchaîné à ses ancres. Que de fois, en effet, n'a-t-on pas cru toucher au terme d'un tel voyage, et une tempête s'élevant au moment même de mettre pied à terre, le navire est rejeté au large ; et ceux qu'il emporte s'estiment bien heureux d'en être quittes pour une longue et nouvelle lutte avec les flots déchaînés. Avec des vivres à son bord, un bon navire a de grandes chances de pouvoir résister à la tempête quand il peut gagner le large pour fuir les écueils des côtes, surtout s'il est commandé par un capitaine expérimenté et servi par un équipage vigoureux et dévoué.

Mais, pour le moment, je ne dois entretenir le lecteur que de ce qui se passe à bord et non des obstacles non survenus et auxquels on est exposé dans le cours d'une longue traversée.

Il ne faisait pas jour encore, dis-je, quand je me rendis sur la dunette. La brise était tiède, quoique assez forte pour faire glisser sur l'eau plus de six nœuds à l'heure à notre coursier aquatique. Le ciel n'était pas très-limpide, sans pourtant cesser de montrer çà et là une partie des points lumineux dont est parsemée l'immense coupole céleste. Le plus grand silence régnait à bord. Les hommes de quart se tenaient assis sur l'avant du navire, et l'officier de service fumait un cigare en s'appuyant sur le plat-bord. En m'apercevant seul et immobile à ma place favorite, il vint me tenir compagnie et m'annonça que nous allions reconnaître, ce jour même, les îles Canaries; que nous les apercevrions pointer à l'horizon dès que le jour aurait fait son apparition.

Cette nouvelle me fit grand plaisir. La vue de ce groupe d'îles allait donc un moment rompre la monotonie de la traversée. Dans les régions méridionales, les crépuscules sont de courte durée. Le jour paraît et disparaît presque en même temps que le soleil. Dès que le ciel resplendit à l'est, le flambeau de la terre se montre avec éclat et embrase de nouveau cette partie du globe pour la vivifier. Comme l'aurore commençait à se manifester fortement quand l'officier me fit part de l'approche de ces îles, elles ne furent donc pas longtemps à se révéler à l'horizon; elles se montrèrent d'abord comme un nuage immobile, implorant l'aide de la brise pour circuler dans l'espace. Mais à mesure que notre navire parcourait la plaine liquide dans cette direction, ce point vaporeux offrait de plus en plus la forme et la consistance de la terre. Cette apparition était si inattendue des passagers de l'entre-pont, que pas un n'osait la prendre au sérieux : aussi quand le doute ne fut plus possible, le pont du navire n'offrait pas assez d'espace pour contenir tous les curieux. La joie était peinte sur toutes les figures, et tenait lieu d'aliments pour tout le monde; du moins la cuisine de ces estimables prolétaires restait complétement déserte en ce moment.

Il était environ dix heures du matin quand nous longeâmes, à deux ou trois lieues de distance, la première île de ce groupe. Bien que nous fussions avancés dans la saison d'automne, la verdure nous semblait encore régner là dans toute sa puissante majesté : une brise caressante nous apportait les vapeurs parfumées qui se détachaient de cette terre favorisée de la nature ; le soleil brillait de sa plus belle lumière sur un ciel bleu qu'aucun nuage ne ternissait, et la mer reflétait la teinte azurée de la voûte céleste, en se laissant onduler docilement par le souffle caressant d'un zéphyr tropical.

Jusqu'à midi, le fameux pic Ténérife se dissimula dans une blanche vapeur ; on aurait cru voir se dresser devant nous l'ombre du vieux Neptune contemplant orgueilleusement son immense et dangereux empire. Mais lorsque les rayons du soleil tombèrent verticalement sur le géant, il fut bien vite dépouillé de son voile fugitif. Il montra sa tête chauve, alors, à moitié chemin de l'astre, et semblait en humer les rayons avec avidité, pour stimuler la chaleur de ses entrailles volcaniques. Cependant, une vapeur argentée et presque diaphane ne cessa, en dépit des feux ardents de l'astre céleste, de cerner tout le jour la taille du colosse africain.

Vues ainsi à la dérobée, ces îles, déjà si belles à contempler, offraient un tableau que ma plume ne peut reproduire. L'œil nu découvrait çà et là sur la plage des maisonnettes champêtres qui semblaient se mirer dans les eaux limpides de la mer, que notre navire sillonnait avec autant de grâce que de facilité. Ce délicieux paysage me rappelait une scène intéressante que j'avais lue dans un roman intitulé : *Jean Ango*.

En ce moment, l'histoire et le roman se confondent dans ma pensée. Du bord du navire où je suis appuyé, je vois ce fameux navigateur dieppois s'élancer seul du bord de son vaisseau sur le rivage de l'île de Ténérife, où il se perd dans une forêt d'orangers. On était au XVIe siècle quand cet intrépide marin fit cette lointaine excursion.

Après avoir bondi comme un écolier dans cette délicieuse forêt, je le vois s'étendre sur une couche de verdure ombragée par des rameaux odoriférants, et s'y abandonner imprudemment aux douceurs d'un sommeil provoqué par la chaleur. Les pavots de Morphée venaient à peine de fermer les yeux du puissant armateur normand, quand un monstrueux reptile sortit d'un buisson voisin pour se glisser rapidement vers une proie si facile à saisir. Le terrible serpent tropical menace déjà sa victime d'un regard étincelant, et n'a plus à faire que quelques replis de ses vigoureux anneaux pour que Jean Ango ne se réveille jamais. Mais l'amour l'a pris sous sa puissante égide : il se tient à quelques pas, armé de son arc infaillible, et suivant d'un œil attentif toutes les sinuosités que décrit le monstre venimeux. Le petit dieu, quoique aveugle, dit-on, est si certain de donner à sa flèche la direction qu'il veut, qu'il ne la laisse échapper qu'au moment même où le reptile ouvre sa gueule empoisonnée pour saisir sa victime. Aussitôt le rampant animal se roule autour de la flèche meurtrière qui, en lui perforant la tête, l'a profondément clouée au sol. Les sifflements douloureux que pousse le serpent dans son agonie réveillent Jean Ango, et lui apprennent à quel mortel danger son sommeil téméraire l'avait exposé. En voyant la flèche libératrice contre laquelle le monstre luttait vainement, le célèbre navigateur jette autour de lui un regard reconnaissant pour savoir à qui il est redevable de l'existence, et ses yeux rencontrent aussitôt une jeune fille ravissante de beauté, vêtue d'une robe de tissu de lin écru, se tenant immobile en s'appuyant gracieusement sur l'arme qui venait de préserver les jours de l'inconnu.

La présence de cette angélique créature provoque chez Jean Ango autant d'admiration que de gratitude. Il doute de son réveil. Il interroge ses souvenirs pour se bien convaincre qu'il n'est pas sous l'influence d'une fantastique vision. Comme l'objet de son ravissement ne s'évanouissait pas sous la persévérance du regard, le riche armateur, pour mieux s'assurer de la vérité, se lève et marche vers cette ravissante apparition, craignant à chaque pas de la voir disparaître dans le chemin de l'éternité; mais la jeune fille garde la même attitude, et se borne à baisser ses grands yeux noirs veloutés pour éviter la rencontre de ceux que l'inconnu attache amoureusement sur elle.

— Mon existence est donc d'un grand prix sur cette terre, dit Jean Ango en abordant la vierge des forêts, pour que Dieu envoie un ange pour la protéger?

— Je suis la fille du chef de cette île, et je suis venue pour savoir si les vaisseaux qu'on aperçoit au large sont envoyés par Jean II, roi de Portugal, notre terrible ennemi, répond timidement la belle Canarienne.

— Ces vaisseaux appartiennent à Jean Ango, mon bel ange, et loin de vous menacer, comptez-les, à partir de ce moment, comme vos plus zélés et solides défenseurs.

— Ils sont donc à vous, ces vaisseaux?

— A moi-même, ma divine libératrice, et sans être autre chose qu'un simple négociant armateur, le secours de ma flotte marchande a plus d'une fois déj à été sollicité par des souverains. Votre ennemi lui-même connaît la puissance maritime de Jean Ango, et la redoute plus qu'il ne l'aime; car je l'ai forcé depuis longtemps à traiter avec moi de puissance à puissance.

— Vous consentez à nous défendre contre le roi de Portugal ?

— Ne vous dois-je pas la vie ? Puis-je en faire un meilleur usage qu'en vous la donnant pour acquitter la dette sacrée que je vous dois ?

— Venez donc vite apprendre cette bonne nouvelle à mon père, à qui cette flotte cause de si vives inquiétudes ; venez, répète la jeune fille en entraînant par la main le puissant armateur dans un sentier tortueux de la forêt primitive.

— Adorable enfant! ou plutôt mystérieuse divinité, murmurait Jean Ango en cédant avec docilité à la douce impulsion de son guide, sous quel nom êtes-vous connue en ce monde? ajouta-t-il.

— On m'appelle Palma; mon père est le souverain de cette île, répond naïvement l'humble princesse canarienne.

— Votre nom est aussi harmonieux que votre beauté est ravissante : l'un et l'autre resteront éternellement gravés dans mon cœur et dans ma mémoire, dit Jean Ango.

L'intrépide marin fut accueilli avec joie par le vieux monarque. Jean Ango ne perd pas une minute à se mettre sur la défensive contre l'attaque préméditée par le roi de Portugal, qui est loin de compter sur un si redoutable antagoniste. Une flotte portugaise arrive, en effet, au moment où Jean Ango venait de terminer ses préparatifs de défense; et l'ennemi est si confiant dans la supériorité de sa force, qu'il néglige de prendre toutes les précautions que lui prescrit l'art de tuer les hommes.

La lutte, cependant, fut longue et sanglante ; mais les canons de Jean Ango parvinrent néanmoins à infliger à l'expédition de Jean II le châtiment que méritent ceux qui cherchent la gloire dans une cause inique et flétrissante.

Après cette victoire, le vieux patriarche de l'île versa des larmes de joie et de reconnaissance en pressant son libérateur dans ses bras.

— Brave étranger, que veux-tu pour ta récompense? lui demanda le vénérable monarque.

— Ta fille m'a payé d'avance. Si je croyais pouvoir obtenir plus qu'elle ne m'a déjà donné, je te demanderais, heureux père, le titre de gendre, si ton angélique enfant y donnait librement sa sanction matrimoniale.

— Je te comprends, valeureux guerrier. Palma, dit le vieux roi à son unique enfant, c'est à toi que s'adressent les dernières paroles de notre sauveur; c'est à toi aussi d'y répondre comme le veut ton cœur.

La jeune fille s'avance en souriant vers Jean Ango, et lui offre une main douce et potelée que le soleil avait brunie en la caressant de ses brûlants rayons.

Le vieillard s'approche à son tour de l'heureux couple, et, levant les yeux au ciel après avoir apposé les mains sur les époux, dit d'une voix émue :

— Je vous unis, mes enfants, au nom du Créateur de l'univers, en le priant de vous bénir comme je le fais moi-même en ce moment avec toute mon affection paternelle.

— Merci, merci mille fois, père vénérable et vénéré, dit Jean Ango en pressant sa jeune et belle compagne sur son cœur avec la plus douce émotion.

— Rends-la heureuse, car elle le mérite, répond le vieux monarque en versant des larmes de tendresse et de regret de perdre son unique enfant.

Peu de temps après que cette union fut cimentée au nom seul de l'Être suprême, la flotte de l'armateur dieppois s'éloigna des îles Canaries en mettant le cap sur la France. Le vieux roi de Ténérife, entouré de tout son peuple, suivit de l'œil jusqu'aux bornes de l'horizon les vaisseaux qui emportaient ce qu'il avait de plus cher au monde. Dès que tout eut disparu sous la voûte des cieux, ce digne père se retira dans son humble demeure pour pleurer en secret l'absence de son enfant chérie. Mais Jean Ango, tout en songeant au vide douloureux que sa ravissante compagne laissait dans le cœur paternel du vieux roi, était heureux, lui, de posséder un présent qui valait mieux que tous les trésors du globe. Après une courte et bonne traversée, le puissant navigateur entre à pleines voiles dans le port de la ville de Dieppe, se promettant bien de fêter avec un royal éclat l'arrivée de celle qui complétait son existence.

Mais Jean Ango oubliait que si le malheur provoque l'abandon, la trop grande somme de félicité excite aussi l'envie. Hâte-toi de jouir de ton bonheur, Jean Ango, car il ne sera pas de longue durée.

A présent que tu es le plus riche négociant de l'Europe et le plus favorisé des maris, tu ne peux échapper aux coups de l'implacable jalousie que tu inspires à tes voisins. Ton roi fera appel à tes flottes et à tes écus, et pour récompense il te ravira la femme que tu adores. Ta compagne est trop chaste pour céder à la coupable passion de François Ier : elle ne s'acclimatera jamais à la fétide et corruptive atmosphère de la cour; mais sa rigide vertu sera la cause de ta ruine et de ton inique persécution. Puis, quand tes coffres seront vides par des mains spoliatrices et que tes flottes te seront enlevées au profit de l'État, tu t'estimeras heureux de pouvoir disposer du plus petit de tous tes navires pour fuir avec le plus précieux de tes immenses trésors vers l'île que tu as su préserver de la capture qu'en voulait effectuer le roi de Portugal. En t'éloignant furtivement de la France, tu maudiras son roi, mais non ta patrie; tu remercieras le ciel de t'avoir donné pour épouse la fille d'un monarque sauvage, dont la vertu a su résister à l'astucieuse corruption d'un roi civilisé. Tu comprendras, alors, que la haine de tes ennemis a su te donner le vrai bonheur, au lieu de te réduire à la misère et au désespoir. Le bonheur de l'homme de bien, vois-tu, veut de l'aisance, non de grandes richesses, car il se compose et s'alimente des charmes que la vie trouve dans l'affection du paisible foyer domestique. C'est donc seulement dans la petite île de Ténérife que tu trouveras les plus beaux jours de ton existence; car là, Jean Ango, tu auras pour asile une modeste chaumière, une angélique épouse pour t'aimer, un air suave à respirer et un ciel pur à contempler.

Voilà les réflexions que mes souvenirs allaient puiser dans l'histoire et dans les pages du roman de Jean Ango, que j'avais lu il y avait quelques années; et ces souvenirs ne faisaient qu'embellir encore le ravissant aspect que ce groupe d'îles offrait à mes regards enchantés : aussi n'ai-je cessé de contempler ce délicieux spectacle de la nature que quand les ténèbres de la nuit sont venues le dissimuler à mes yeux.

Mais pendant que je laissais mon esprit mêler la fiction à la réalité, les érudits de l'entre-pont donnaient à leurs camarades moins instruits des renseignements historiques et géographiques sur ce pays.

Ces îles, disait M. Mouchelin, sont au nombre de treize; elles sont situées à une soixantaine de lieues de l'Afrique, dont elles font partie. Les plus considérables sont : Ténérife, Fuerteventura, la Grande-Canarie, Palma, Lancerota, Gomera et Ferro. J'ignore le chiffre de leur population collective; je sais seulement que l'île Ténérife possède une ville n'ayant pas moins de dix mille habitants. C'est là que se trouve le siége du gouvernement général de ces colonies.

Les traditions historiques nous révèlent fort peu de chose sur ce petit coin du globe. Les Romains du Bas-Empire connaissaient ces îles sous le nom de FORTUNÉES. Je dois ajouter que cette épithète n'a rien d'exagéré, car le climat de ce pays est délicieux sous le rapport de la salubrité, de la douceur de la température, et la fertilité du sol ne laisse rien à désirer, sans parler des sites pittoresques qu'on y trouve dans toutes les directions.

Vers l'an 1316, l'Espagne en fit la conquête en même temps que la découverte; mais n'ayant pas su d'abord en apprécier toute l'importance, elle abandonna ces îles presque aussitôt. Un peu plus tard, les Portugais en prirent aussi possession, ce qui inspira aux Espagnols le désir de reprendre leur primitive conquête. Les Portugais furent donc obligés d'abandonner ce groupe de colonies à leurs puissants voisins qui, depuis 1478, sont restés maîtres absolus de ce jardin de l'Atlantique. Je dois ajouter, dit le narrateur, que la présente population de ces îles n'a pas hérité des vertus du peuple aborigène, car autant celui-ci se distinguait par des mœurs simples, douces, chastes, hospitalières, disent les traditions, autant les autres s'abandonnent à la paresse, à la volupté et à des vices qui sont plus ou moins dégradants pour l'humanité. Si ce délicieux pays était occupé par un peuple moins fanatique, moins ignorant, plus énergique et industrieux, ce serait un véritable Éden, digne d'être comparé à celui que le Créateur offrit à nos premiers parents au commencement du monde.

Pendant que ce passager faisait ce récit historique, le facétieux Parisien traitait le même sujet d'une manière moins grave et moins instructive. L'aspect de ces îles était assez pittoresque pour provoquer l'admiration d'un être moins capable que ce passager d'apprécier les beautés de la nature. Mais ce qui donnait un mérite inappréciable à ce charmant paysage, aux yeux du Parisien, c'est que le plus sociable des volatiles en est originaire.

Je regrette de ne pouvoir donner ici l'amusante dissertation que ce facétieux prolétaire fit sur le serin, pour mieux faire ressortir la part que cet estimable oiseau pouvait revendiquer dans le bonheur domestique que goûtaient les habitants de la capitale.

—Si vous voulez vous charger de faire le bonheur et la joie de toutes les classes de la société parisienne, disait ce sarcastique passager, il faut vous pourvoir de serins, de chiens, de perroquets et d'un ours martin, que vous mettrez à la portée de tout le monde. Les Parisiens aiment les bêtes pour compléter leur société. Cette propension est surtout très-développée chez la femme de la magique cité. Donnez-lui un serin et une toilette fastueuse, elle sera comblée des plus grandes félicités de ce monde; et pourtant, ajoutait-il, combien peu de gens parmi ceux qui idolâtrent le serin savent où est située sa belle patrie. Moi-même le premier, je pensais que les îles Canaries n'étaient qu'un mot vide de sens, une fiction, comme le pays de Cocagne, dont tout le monde parle et que personne n'a vu, pas même dans les livres géographiques.

Tout le temps que ces îles sont restées en vue, c'est-à-dire une journée entière, la verve de ce passager s'est montrée plus féconde que jamais, et, loin de s'en plaindre, ses compagnons de voyage semblaient y trouver le plus vif plaisir. Du reste, le Parisien avait l'incontestable talent de savoir captiver ses auditeurs par la variété de ses récits et les fines épices dont il les assaisonnait toujours.

CHAPITRE XXII.

Scènes tragiques.

A partir des îles Canaries, nous eûmes les vents alisés, qui règnent presque constamment entre ces parages et le golfe du Mexique. La marche de notre navire était d'une régularité si grande et si paisible, que souvent il me semblait que notre bâtiment était immobile. Cependant il n'y a pas d'immobilité complète sur mer; les calmes plats sont quelquefois aussi brusques et plus désagréables que l'agitation causée par des vents contraires, car le navire alors se trouve soulevé et balotté par un gonflement houleux aussi ennuyeux que fatiguant à supporter. Rien n'est monotone comme le calme plat. Pour m'en débarrasser, je n'hésiterais pas à le changer contre un vent impétueux, au risque de me voir menacer d'un naufrage. Le calme plat est pire que la mort; c'est le *statu quo*. Les lois qui régissent l'univers condamnent l'immobilité; le mouvement physique fait leur puissance comme le progrès moral fait leur gloire.

Mais je m'aperçois que je me livre à une digression qui m'écarte de mon sujet. J'y reviens donc en disant que la chaleur tropicale rendait le séjour de l'entrepont moins supportable que jamais avec un si grand nombre de passagers. Pour se soustraire à cette suffoquante température, ces pauvres gens s'installaient la nuit sur le pont dans tous les coins où ils pouvaient reposer sans trop gêner le service de l'équipage; mais il y avait si peu d'espace de disponible pour ces infortunés, qu'à peine si la dixième partie pouvait y trouver un gîte temporaire. Il était surtout peu convenable pour une femme de s'abandonner au sommeil ainsi en plein air, car elle s'exposait à des inconvénients qu'une personne de son sexe doit prendre soin d'éviter à tout prix, si elle veut passer pour une femme qui se respecte en se faisant respecter.

Cependant, il y avait des passagères assez téméraires pour s'installer sur le pont, et s'y livrer au repos; mais je dois ajouter que les Françaises se sont toujours abstenues de commettre cette impudique témérité. Les Allemandes étant moins réservées que nos compatriotes dans cette humble situation, elles préféraient s'exposer à des plaisanteries déplacées en couchant sur le pont, que de braver la chaleur fétide de l'entrepont.

J'ignore tous les genres de plaisanterie dont ces trop confiantes passagères ont pu être l'objet de la part des matelots et autres habitants de l'humble séjour; mais, quand je le saurais, je présume que ce ne serait pas ici le lieu de le révéler.

Je vais cependant raconter une de ces nombreuses

plaisanteries, afin que le lecteur sache que ce n'est pas sans motif que je blâme les femmes qui abandonnaient l'entre-pont pour se mettre à la merci des insolences du premier venu en sommeillant à la belle étoile.

Deux jeunes et jolies juives allemandes, vivant chacune dans la plus étroite intimité conjugale, avec un de leurs coreligionnaires s'installaient tous les quatre, chaque nuit, sur le pont du navire. Les deux jeunes filles, en se mettant chacune sous l'égide d'un être masculin, croyaient sans doute que personne n'oserait troubler leur sommeil; mais elles avaient exagéré la puissance de leurs protecteurs en ne les appréciant qu'avec les yeux de l'amour. En effet, les matelots qui, plus d'une fois, s'étaient trouvés gênés dans leur service par ces deux couples illégitimes, résolurent de les dégoûter une bonne fois du plaisir de coucher ainsi à la belle étoile. Le remède qu'ils employèrent était aussi simple dans son application qu'énergique dans ses effets. Le voici :

Au moment où les quatre amoureux se trouvaient plongés dans le plus profond sommeil, les marins les attachèrent par les pieds avec une corde; et comme ces dormeurs professaient la religion des ennemis du Christ, les matelots ne crurent pouvoir mieux compléter leur mauvaise farce qu'en faisant, avec du goudron, une croix sur le front de chacun de ces quatre enfants d'Israël.

Quand l'homme est sur le chemin du mal, il est rare de ne pas le voir y aller jusqu'au bout.

Près de ces deux couples, il y avait le vénérable et rigide vieillard dont j'ai parlé à propos de la fête inaugurale que les passagers de l'entre-pont donnèrent à leur président. Notre pieux Israélite n'était pas moins ennemi du signe du Rédempteur que des quadrilles d'honneur. Il accomplissait à bord les devoirs de son culte avec autant de ponctualité que d'apparente ferveur ; jamais il n'omettait de se parer des insignes que la foi judaïque impose aux fidèles dans l'accomplissement de leur dévotion. Mais ni le grand âge, ni la rigidité religieuse de ce pauvre homme, n'ont pu le préserver de la croix de goudron que l'équipage venait de tracer sur le front de chacun des quatre amoureux mentionnés plus haut.

Le dénoûment de cette grossière inconvenance ne devait avoir lieu qu'au petit jour, moment où les matelots commençaient à laver toute la surface du pont qui n'était pas encombrée. Chaque jour les passagers qui couchaient sur cette partie extérieure du navire étaient réveillés désagréablement par les hommes de quart, qui les menaçaient d'un déluge universel s'ils ne se retiraient à la hâte. A ces menaces, la tribu ambulante se levait comme un seul homme qu'on aurait mis sous l'influence de la pile galvanique ; chacun fuyait dans l'entre-pont en trébuchant sous le poids d'un reste de sommeil violemment interrompu.

Le jour auquel je fais allusion ici, l'équipage négligea à dessein de faire précéder le nettoyage du pont par son cri habituel pour éveiller les dormeurs. Les seaux d'eau salée volaient dans toutes les directions pour mieux porter l'épouvante et le désordre parmi ces humbles passagers ; et cette panique causa un réveil des plus mystificateurs pour les quatre juifs accouplés par une ficelle. Ils formèrent dans leur chute un groupe que les convenances et le respect qu'on doit au beau sexe ne me permettent pas de décrire ; je puis dire seulement que la posture des deux demoiselles en question provoqua une grande hilarité chez l'équipage et autres passagers qui en furent spectateurs.

Aussi, à partir de ce moment, aucun des hôtes de l'entre-pont n'a voulu s'exposer à servir de spectacle à nos trop facétieux matelots d'une manière si désagréable pour les auteurs de ces scènes matinales.

La croix de goudron que nos deux jeunes couples portaient sur le front les vexa beaucoup moins que ne l'espéraient leurs mystificateurs; mais le vieillard en fut profondément mortifié. Après avoir enlevé ce signe de la rédemption chrétienne, le rigide Israélite ne cessait de se regarder dans un petit miroir de poche, comme pour bien s'assurer qu'il ne lui restait aucune trace de ce stigmate de la race judaïque. Le pauvre vieux ne s'est plus hasardé non plus à sommeiller sur le pont pour éviter de voir *souiller* son front plissé par un signe que sa foi réprouvait plus rigoureusement peut-être que celle du plus austère rabbin.

Le jour même que cette mauvaise plaisanterie eut lieu, nous fûmes assez heureux pour prendre un marsouin qui ne pesait pas moins de cinq cents livres : c'était le second du capitaine qui avait eu l'adresse de harponner cet énorme cétacé.

Cette capture fut un sujet de joie pour tous les passagers, aussi bien pour ceux de la chambre que pour ceux de l'entre-pont : il se présenta bien plus de bras qu'il n'en fallait pour hisser la victime sur le pont, et, quoique mortellement blessée, elle faisait frémir le navire chaque fois qu'elle donnait un coup de queue en luttant contre la mort. Quand ce roi des nageurs fut arrivé sur le navire, l'officier qui l'avait pris lui plongea un poignard dans le ventre pour faire cesser sa dangereuse agonie.

Chacun alors demandait si cet énorme poisson était bon à manger. Cette question se faisait surtout parmi les passagers de l'entre-pont. Les voix se partageaient entre la négative et l'affirmative. Le célèbre Pointillard était au nombre de ceux qui faisaient l'éloge de la succulence du marsouin, et, pour vaincre ses adversaires, l'ex-commis voyageur fit sur cette capture une petite dissertation que je crois devoir analyser pour l'instruction de mes lecteurs.

— Le marsouin, dit-il avec l'aplomb que j'ai déjà mentionné plus d'une fois, n'étant autre chose qu'un cochon marin, il a donc toutes les qualités de cet animal sous le rapport nutritif. Examinez attentivement l'intérieur de ce monstrueux poisson, et vous verrez comme moi que c'est un vrai pourceau, moins les pattes, le poil, la tête et la queue. En procédant ainsi par analogie, vous trouverez la preuve irrécusable que ce poisson est digne d'alimenter l'homme, surtout quand celui-ci voyage sur mer et que ses provisions ne sont pas des plus abondantes et des plus raffinées. D'ailleurs, il y a des peuples qui ne vivent que de pêche ; et bien certainement le marsouin est fort bien reçu par eux quand il tombe dans leurs filets.

Ce qui fit triompher les arguments de M. Pointillard au sujet des qualités alimentaires du marsouin, c'est l'arrivée du maître d'hôtel, qui fendit la tête du cétacé pour s'emparer de l'énorme cervelle qu'elle contenait ; il en fit autant du foie et du cœur, qu'il emporta à la cuisine en donnant l'ordre à l'artiste culinaire de préparer le tout pour la table des passagers de la chambre.

Pour ce qui concerne la cervelle, le foie et le cœur du marsouin, je puis dire que j'en ai mangé avec plaisir, et sans en avoir éprouvé aucune fâcheuse conséquence ; mais je dois ajouter que le reste de ce poisson ne se laisse pas manger impunément. Ceux qui s'étaient laissé convaincre de la succulence de ce cochon marin par les éloges pompeux qu'en avait faits M. Pointillard, ont eu lieu de se repentir de leur trop grande crédulité, car ils ont acquis, d'une manière assez gênante, surtout à bord d'un navire, la conviction que le roi des nageurs produit l'effet d'un vigoureux purgatif sur ceux qui ont l'imprudence de le faire intervenir dans le menu d'un repas.

Ce qui précède de ce chapitre n'est que le prélude des choses graves qui en doivent faire le fond. C'est seulement ici que je vais commencer à raconter les scènes qui justifient le laconique sommaire qui les annonce.

Ce sont encore les passagers de l'entre-pont qui vont faire les frais de ces tristes épisodes.

J'ai dit ailleurs déjà que les armateurs et les capitaines des navires qui transportent les émigrants dans le Nouveau-Monde, ne s'inquiètent pas assez de savoir si ces passagers embarquent assez d'aliments pour faire une traversée dont le terme est à la merci des vents. Cette négligence, ainsi que je vais le prouver, peut avoir de funestes conséquences pour ceux qui s'embarquent sans s'être pourvus des vivres nécessaires, soit faute de moyens pécuniaires, ou par une économie des plus mal appliquées.

Plusieurs des humbles administrés du papa Colin se plaignaient qu'on leur dérobait des provisions, et surtout leur liquide plus ou moins spiritueux. Ces vols étaient accomplis avec tant de mystère et d'adresse que personne ne pouvait prendre en flagrant délit ceux qui les commettaient. On savait que parmi les Allemands il s'en trouvait bon nombre de très-mal approvisionnés, entre autres deux juifs auxquels on ne connaissait qu'un peu de biscuit pour toute provision. On les soupçonnait de commettre les soustractions qui faisaient l'objet de si justes plaintes; mais du soupçon à la certitude, il y a un abîme dans lequel il faut bien se garder de faire tomber l'innocence.

Une des victimes de ces larcins, exaspérée de voir que son vin et son eau-de-vie n'étaient pas même en sûreté dans les plus obscures cachettes, conçut un moyen violent, même criminel, pour châtier le larron. Mais pour celui qui ressent les dures privations qu'impose un passage de ce genre, tous les moyens semblent bons pour châtier le voleur qui vous prive d'aliments que réclame impérieusement l'existence.

Il paraîtrait qu'un des volés mit dissoudre quelques sous dans du vinaigre, et mêla cette mortelle dissolution à une certaine quantité de vin qu'il mit ensuite dans la bouteille que le voleur allait caresser clandestinement chaque jour. La punition que le volé cherchait à infliger à son larron ne se fit pas attendre longtemps, et fut probablement plus sérieuse qu'il ne le désirait.

A partir de ce jour, les vols cessèrent; mais on apprit en même temps qu'un des deux juifs dont j'ai parlé plus haut était atteint d'une grave maladie. Ces deux passagers étaient frères, et ce qui confirmait en quelque sorte les soupçons qu'on avait sur eux, c'est qu'ils prenaient le plus grand soin l'un et l'autre de cacher la nature de la maladie de celui qui était retenu dans sa couche. Lorsque ce malheureux se décida à demander les soins du docteur Rubérac, cette providence de l'entre-pont, il était trop tard. Le mal avait fait alors des progrès mortels. Le bon docteur fit néanmoins tout son possible pour conserver les jours de cet infortuné; mais la mort fut plus forte que la science et le dévouement de cet homme de bien; du reste, il faut dire qu'il ne la combattait pas à arme égale; car, outre qu'on l'avait appelé trop tard, les médicaments indispensables faisaient défaut. Il sollicita du capitaine une grande partie du lait que donnait la vache au profit des passagers de la chambre, et je dois dire que le chef du bord s'empressa de souscrire à cette juste et impérieuse demande. Ce régime prolongea la vie de ce malheureux passager de quelques jours seulement; la mort fut inflexible envers lui; mais l'infortuné emporta au fond de la mer le nom de celui qui l'avait mortellement châtié de ses écarts dans le chemin de la probité. Est-ce à la propension de mal faire qu'il faut imputer les vols qui ont coûté la vie à ce malheureux, ou les faut-il mettre sur le compte de sa misère et de son dénûment? Il faut, selon moi, les attribuer au capitaine qui a consenti à prendre à son bord un passager n'ayant pas les provisions qui lui étaient indispensables pour effectuer la traversée.

La mort a toujours, pour l'homme sensé et sérieux, quelque chose de sombre, de sinistre, dans toutes les positions sociales; mais son aspect prend encore un caractère plus triste, vue ainsi entre le ciel et l'eau, sur une frêle demeure que les éléments menacent sans cesse d'une complète destruction.

La cérémonie funèbre de cet infortuué fit la plus vive impression sur tous les passagers. Pour linceul et cercueil on lui donna un morceau de vieille voile. On le porta ensuite sur le pont, où le capitaine lut dans un livre religieux une courte prière. Puis, de la planche sur laquelle se trouvait le corps, on le fit glisser dans l'abîme au fond duquel il disparut lentement, quoique entraîné par une énorme pierre qui se trouvait aux pieds du défunt. Ces humbles funérailles laissèrent une profonde tristesse, tout le reste du jour, parmi tout le monde à bord.

Je vais passer à un autre épisode non moins dramatique que celui qui précède, et peut-être plus triste encore, puisqu'il compromit pour toujours le bonheur de deux personnes unies par des liens qu'on peut rompre, mais dont les traces ne disparaissent jamais complétement.

Je présume que le lecteur aura gardé le souvenir d'un de nos compagnons de voyage, qui figure dans la liste biographique des hôtes de l'entre-pont sous le nom de M. Léon. On se souvient aussi, sans doute, que j'ai dit que les vivres de ce passager se composaient de conserves succulentes, et ses distractions de lectures de romans échevelés. C'est peut-être à cette nourriture complexe, fortifiante pour le corps et pernicieuse pour le moral, qu'est dû le drame que je vais rapporter.

Ce jeune homme se mêlait rarement à la foule de l'entre-pont. Soit qu'il voulût affecter des manières distinguées, soit qu'il préférât les entretiens intimes d'une jeune passagère, il recherchait assidûment la société particulière de la femme d'un cordonnier parisien, allant à la Nouvelle-Orléans pour y faire fortune en chaussant les belles Louisianaises.

Rien n'est plus naturel que de voir un jeune homme préférer la société des dames à celle des personnes de son sexe, surtout dans un voyage de ce genre; mais on ne doit pas pousser le culte de la galanterie jusqu'à abuser de la confiance que les maris accordent en pareil cas, et chercher à troubler leur bonheur à l'aide de libéralités dictées par une pensée coupable. Le beau Léon, sachant que les provisions du cordonnier étaient exiguës, offrit à la femme du pauvre ouvrier ses succulentes conserves, qui furent acceptées avec autant de reconnaissance que d'empressement par l'humble couple. D'après mes propres observations, je dois dire que ce modeste cordonnier était le plus dévoué des maris et le plus affectionné des pères. Il ne cessait de prodiguer à sa femme et à son enfant, âgé de deux à trois ans, les soins les plus tendres pour adoucir les privations que la pauvreté leur imposait. Il était vivement touché des douceurs que le marchand de bouchons de liége procurait à son humble famille; il semblait loin de penser que ce romanesque bienfaiteur dissimulait, sous ces précieux présents culinaires, les coupables desseins qu'il avait sur la jeune et pauvre cordonnière.

La femme qui oublie ses plus sacrés devoirs d'épouse mérite d'être sévèrement jugée; mais l'homme qui profite de la misère et du dénûment pour mieux provoquer la chute d'une femme est encore bien plus coupable qu'elle.

La chronique ne tarda pas à s'occuper de l'intimité qui s'établissait de plus en plus chaque jour entre le beau Léon et la gentille Parisienne; puis cette vigilante chronique, croyant avoir découvert que cette intimité avait franchi les limites que les convenances sociales autorisent, fit part de sa découverte à tous ceux qui voulurent se l'entendre souffler à l'oreille : il n'y avait que l'infortuné mari qui ne savait rien et ne voyait que de bonnes actions dans les présents et les assiduités que le rusé Gascon prodiguait à la jeune femme. Cet aveuglement conjugal est trop commun pour qu'on en fasse un crime à cet honnête ouvrier.

Nous nous trouvions alors par les travers de l'île de Cuba, délicieux pays que nous doublions au sud à une distance de deux à trois lieues au plus. Les côtes échancrées et pittoresques de cette perle des Antilles nous semblaient si rapprochées, qu'on aurait cru n'en être séparé que par une distance moitié moindre de celle que je viens de citer, d'après le dire du capitaine. La brise qui gonflait nos voiles était si régulière, que le navire glissait sur la plaine liquide sans causer la moindre secousse, et le soir, avec la fraîcheur de la nuit, il nous arrivait de cette terre privilégiée de la nature un suave parfum qui nous donnait à tous le plus vif désir d'y débarquer, afin de pouvoir mieux contempler cette fertile colonie et en connaître les ressources inépuisables. Une seule chose contrariait le plaisir que nous causait l'aspect de ces plages pittoresques; c'était l'excès de la chaleur qui régnait dans l'intérieur du navire, circonstance qui rendait le repos du sommeil presque impossible dans cette flottante demeure : aussi, à l'exception des dames, tous les passagers de la chambre couchaient-ils sur la dunette ou aux environs. Les administrés du papa Colin encombraient à leur tour toutes les parties du pont où une créature humaine pouvait se réfugier sans s'exposer à se réveiller au fond de l'abîme sur lequel nous marchions si paisiblement.

L'honnête cordonnier en question s'était assuré d'un gîte dans une chaloupe servant de bergerie aux moutons destinés à passer sur la table de la chambre. Sa femme et son enfant occupaient seuls la couche de l'entre-pont à laquelle ils avaient droit tous les trois à titre de passagers de cette humble catégorie. Les causeries et les entretiens plus ou moins intimes de nos prolétaires émigrants se prolongeaient chaque soir fort avant dans la nuit. Le disque argenté de la lune provoquait ces nocturnes récréations en chassant les ténèbres assez loin autour de nous pour laisser visibles, à l'œil nu, les rivages que nous longions à une si courte distance. A l'aide de cette pâle clarté, il était facile aux hommes de garde de s'apercevoir des démarches que les lovelaces pouvaient entreprendre pour rejoindre les belles qui n'avaient pas d'objection à les recevoir quand le sommeil avait fermé les yeux indiscrets des voisins. Mais comme les amoureux pèchent rarement par la prévoyance, ceux de notre navire agissaient, pendant ces nuits éclairées par le satellite de notre globe, comme si les rameaux d'une forêt vierge les avaient dissimulés aux regards attentifs de la chronique du bord. Cette imprévoyance, ainsi qu'on va le voir, eut de bien fâcheuses conséquences.

Parmi l'équipage, il y avait un matelot canadien qui, étant de quart pendant la nuit, avait souvent vu une ombre glisser sur le pont et disparaître furtivement dans les flancs obscurs du navire. Ce matelot était curieux de savoir pourquoi cette ombre se cachait pour effectuer ces excursions nocturnes. Pour pénétrer ce mystère, le marin se mit donc une fois à suivre cette apparition jusque dans le sombre séjour où elle disparaissait précipitamment. Comme cet indiscret matelot parlait français, il entendit, quand il fut au bas de l'échelle de l'écoutille par laquelle il était descendu, une voix dire tout bas à l'ombre :

— Est-ce toi ?

— Oui, répondit l'ombre d'un ton discret.

— Tout le monde dort là-haut ?

— Oui, tout le monde, même les hommes de quart.

— Prends garde de réveiller mon enfant.

— Ne crains rien, réplique l'ombre en prenant place dans la couche où se trouvait la personne qui lui parlait.

Pour que notre trop vigilant matelot ait pu entendre cet entretien à voix basse, la couche devait être située bien près de l'écoutille. Il est certain, du reste, ainsi qu'on va le voir, que l'espion avait bien entendu la conversation que je viens de rapporter, car en la révélant immédiatement au cordonnier parisien, il ne doutait pas de la scène scandaleuse que son indiscrétion allait causer.

Une fois que notre matelot fut convaincu d'avoir pénétré le motif qui conduisait l'ombre fugitive dans l'entre-pont, il se hâta donc d'aller réveiller le pauvre cordonnier, en lui disant que sa femme était bien malade, et qu'elle le priait d'aller près d'elle pour lui donner des soins.

A cette triste nouvelle, le dévoué mari ne fit qu'un bond de la chaloupe dans laquelle il reposait à la couche de sa femme.

— Qu'as-tu donc, chère amie, lui dit-il en abordant le grabat à tâtons.

Et comme il ne recevait pas de réponse, il crut qu'il s'était trompé de couche ; mais en cherchant à s'assurer de son erreur, il saisit un bras qui n'avait rien du lisse satin qui distingue l'épiderme du sexe féminin. Un soupçon d'infidélité conjugale étant venu aussitôt à la pensée de ce pauvre mari, il s'écria d'une voix énergique et tremblante de rage :

— A qui ce bras?

— Silence, dit tout bas une voix d'homme, je serai à votre disposition à la Nouvelle-Orléans.

Cette réponse fut un coup de foudre pour le cœur de l'honnête ouvrier; mais la rage de la vengeance s'étant emparé de son esprit, il se mit à frapper dans l'obscurité sur tout ce que rencontrait son poing dans le grabat que souillait l'ombre dénoncée si discrètement par le matelot canadien.

— Ah! tu seras à ma disposition à la Nouvelle-Orléans! Je n'attendrai pas jusque-là, puisque tu y es maintenant à ma disposition, misérable! criait le cordonnier d'une voix vibrante de colère et en frappant comme un possédé.

Les cris de la mère, ceux de l'enfant, et les imprécations du mari trompé, réveillèrent en sursaut tous les hôtes de l'entre-pont, qui se demandaient la cause de ce désordre nocturne avec la plus vive anxiété.

A la faveur de l'obscurité et de la rage frénétique du malheureux cordonnier, le beau Léon parvint à sortir de ce ténébreux séjour; mais cette attaque imprévue l'avait si fortement impressionné, pour ne pas dire épouvanté, qu'il perdit la raison au point de se jeter à la mer, au lieu de retourner dans son hamac attendre les conséquences de sa coupable conduite. Son costume était des moins compliqués, mais fort convenable pour un voyageur aquatique; il se composait d'un caleçon et du vêtement de rigueur. Une montre en or attachée à une chaîne de même métal pendait sur sa poitrine. Cette montre ne le quittait jamais, pour éviter sans doute de faire naître un désir de soustraction à quelques-uns de ses compagnons de voyage.

Nous l'avons dit plus haut, la lune venait chaque nuit, pendant que nous longions cette île, argenter la surface des eaux et les voiles de notre navire. En s'échappant de l'entre-pont, le beau Léon ne prit que le temps de dire à la hâte à quelques passagers que cette scène scandaleuse avait réveillés, de remettre ses effets au consul de France à la Nouvelle-Orléans, où il les ferait réclamer, s'il atteignait sain et sauf les plages de Cuba. Et, en finissant de prononcer ces paroles, il se jeta dans l'abîme, non en homme qui veut se noyer, mais en nageur habile qui se sent assez de force et d'adresse pour pouvoir gagner la terre qu'il aperçoit à une petite distance.

— Un homme à la mer! un homme à la mer! crièrent aussitôt les matelots et les passagers qui avaient été témoins de ce plongeon suscité par la honte et la crainte d'un châtiment sévère de la part d'un mari outragé.

Depuis plusieurs nuits, je couchais sur la dunette sur un seul matelas que je faisais prélever de la couche de ma cabine. Ces cris réitérés de : « Un homme à la mer! » me réveillèrent en sursaut, ainsi qu'un des officiers du bord qui reposait à mes côtés. Ce dernier commença par jeter un grand baquet dans la mer, en attendant qu'on pût aller au secours de cet homme d'une manière plus efficace.

Aussitôt après avoir envoyé ce baquet de sauvetage, l'officier fit mettre le navire en panne, et ordonna à l'équipage de prendre les chaloupes pour aller recueillir ce passager, s'il n'avait pas déjà sombré au fond des eaux. En dépit de l'activité que les matelots déployèrent pour exécuter les ordres de leur chef, il se passa plus d'un quart d'heure avant que la chaloupe ne pût se mettre en route pour aller accomplir son impérieuse mission. Pendant que ces préparatifs de secours s'effectuaient, on entendait dans le lointain une voix qui semblait sortir du fond des eaux en appelant à son aide.

Le sentiment de la conservation, en étouffant la timorité et la honte du séducteur, lui montrait tout le danger que lui offrait l'excursion qu'il avait entreprise pour se soustraire au châtiment qu'il méritait. Heureusement la lune, quoique vers son déclin, donnait encore assez de lumière pour apercevoir un homme à la surface de la mer à quelque distance. Rien ne peut rendre l'effet lugubre de cette voix lointaine qui venait mourir à nos oreilles en implorant du secours. De son côté, le malheureux mari criait de toute la force de ses poumons :

— Laissez-le se noyer, le misérable, pour m'épargner la peine de le tuer à son retour!

Tous les passagers, ainsi qu'on peut le supposer, se trouvaient sur le pont; et comme cet événement était connu de très-peu d'entre eux, chacun en demandait la cause. Ceux qui la connaissaient ne se faisaient pas faute de la révéler en la commentant de manière à exciter encore la colère déjà si grande du pauvre mari contre les deux coupables.

Cependant les matelots ramaient vigoureusement en cherchant le beau Léon. Bien que la mer ne fut que légèrement plissée par une brise délicieuse, notre séducteur courait non-seulement le danger de se noyer en épuisant ses forces, mais encore celui de devenir la proie des requins dont ces parages sont infestés. Malgré le désordre que cette scène causait à bord, il s'y faisait de temps en temps un profond silence de quelques minutes, pour écouter si la barque revenait avec ou sans le téméraire nageur. Enfin, après un délai d'environ une heure, mêlé de vive anxiété, on entendit le bruit des rames se rapprocher de nous, et bientôt la chaloupe reparut au pied du navire avec l'auteur de cette scène scandaleuse.

Cette apparition a failli rendre le malheureux cordonnier fou de colère. Il ne fallut pas moins de deux matelots pour l'empêcher de se jeter sur le séducteur de sa femme et de se porter envers lui à des voies de fait d'une violence extrême. Pendant que cette victime de l'infidélité conjugale se débattait en vain contre les étreintes robustes de deux marins, le beau Léon se laissait piteusement hisser à bord, sans oser lever les yeux, ni prononcer une seule parole en réponse aux sarcasmes que les plus facétieux passagers lui adressaient pour saluer son retour. Ses longs cheveux, si bien bouclés ordinairement, restaient collés sur le cou et sur la figure de notre lovelace, de manière à lui cacher une partie du visage. Il serait possible, d'ailleurs, qu'il eût aidé sa chevelure à le dissimuler un peu aux regards inquisiteurs et malicieux de la multitude qui l'attendait sur le pont.

Pour reconnaître le service que les matelots qui le ramenèrent venaient de lui rendre, il retira de son cou la chaîne d'or à laquelle pendait la montre déjà mentionnée, et donna le tout au marin qui se trouvait à la portée de sa main, en lui recommandant de partager la valeur de ce présent avec ses camarades. Confus de son aventure et du spectacle à la fois dramatique et ridicule qu'il nous offrait, il avait à peine mis le pied sur le pont, qu'il courut se cacher dans son hamac, où lui arrivèrent aussitôt les menaces furibondes du cordonnier.

— Si tu oses sortir de ta niche, lui criait le malheureux mari, je te préviens que tu n'y rentreras jamais, misérable! car je te tuerai comme une bête féroce.

Ces paroles étaient proférées avec une exaspération si poignante et si vraie que celui à qui elles s'adressaient se garda bien de les braver. A partir de ce moment, le beau Léon ne se montra plus sur le pont du navire, pendant le jour du moins. Son existence ressemblait un peu à celle des hibous; il fit de la nuit le jour. Ce fut pendant cette dure captivité que ce trop galant jeune homme apprécia à sa juste valeur l'heureuse idée qu'il avait eue de si bien se pourvoir de conserves alimentaires.

Il me reste encore, pour finir cette épisode, à raconter une scène fort triste et fort touchante.

Le lendemain de cette nuit agitée, je pensais trouver le mari plus calme, la femme plus consternée et l'amant plus ridicule. Je ne fus trompé qu'à l'égard du mari; au lieu de le calmer, la nuit l'avait exaspéré plus que jamais. Chez cet honnête ouvrier un pareil malheur ne blessait pas son amour-propre, mais bien la plus profonde affection qui puisse s'emparer du cœur d'un homme qui sait mesurer toute l'étendue d'un tel malheur.

Le lendemain donc de ce désolant spectacle nocturne, le cordonnier infligea à sa femme un châtiment plus sévère encore que celui qu'il lui avait administré la veille sous forme de voie de fait. Vers les dix heures du matin, il ordonna à cette malheureuse d'aller sur le pont et de se placer sur le mât de rechange où elle s'était si souvent entretenue avec le beau Léon, et avait sans doute consenti à sacrifier son honneur d'épouse pour mieux reconnaître le prix des conserves que lui offrait chaque jour son trop galant bienfaiteur.

Cette infortunée avait à peine pris place sur ce mât, qu'elle fut l'objet de la plus indiscrète curiosité de la part des passagers de l'entre-pont. Cette punition ne pouvait être plus cruellement infligée. Qu'on se figure, en effet, une jeune femme venant ainsi en plein jour, avec une figure toute meurtrie, confesser l'oubli de ses plus sacrés devoirs en tenant sur ses genoux un enfant qui pleurait en demandant à sa mère la cause de ce supplice moral dont la portée échappait à cette innocente créature.

Combien de temps ce triste spectacle allait-il durer? Le mari seul le savait; car en conduisant cette malheureuse à ce pilori, il lui avait impérativement défendu de le quitter sans sa permission.

— Asseyez-vous là, Madame, afin de mieux confesser un crime qui vous déshonore seule, mais qui nous condamne l'un et l'autre à être à jamais malheureux. Surtout ne quittez cette place que quand je vous le permettrai, lui dit-il en la conduisant sur ce mât.

Le papa Colin, si bon, si indulgent, et conciliateur par excellence, ne pouvait manquer d'intervenir dans cette scène affligeante. Il se rendit donc près du mari trompé qui se tenait à l'écart sur le gaillard d'avant.

— De deux choses l'une, mon cher Monsieur, lui dit-il, ou votre femme est coupable, ou elle est innocente. Si elle est innocente, la conduite que vous tenez envers elle en ce moment est plus odieuse encore que le crime que vous pensez pouvoir lui imputer. Si elle est coupable, vous ajoutez à sa dégradation morale sans d'autre profit pour vous que le plaisir de satisfaire un sentiment de vengeance qu'un homme de bien doit étouffer. En matière d'adultère, il faut être très-circonspect et bien sûr du fait avant de le condamner sans réserve. Les apparences sont souvent trompeuses, surtout dans un lieu comme celui-ci. Qui vous dit que ce misérable n'allait pas visiter une autre passagère, et qu'il ne s'est pas trompé de couche en s'arrêtant à celle de votre femme? La nuit tous les chats sont gris, comme le dit fort bien le proverbe; il n'y aurait donc rien d'impossible qu'en recevant ce drôle effronté, votre femme ait cru vous recevoir vous-même. Ne vous exposez pas à regretter davantage d'avoir cédé trop promptement à une injuste vengeance qui ne peut flétrir votre malheureuse femme sans vous atteindre un peu vous-même. Hâtez-vous, mon ami, d'aller faire cesser le supplice qu'éprouve en ce moment celle qui mérite peut-être encore toute votre conjugale affection. Si ce n'est pour elle, soyez généreux du moins pour l'innocente créature qu'elle tient sur ses genoux, et dont les traits révèlent votre légitime paternité à première vue.

Le pauvre mari désirait trop croire à l'innocence de sa femme pour ne pas prêter une oreille attentive aux conciliantes paroles du papa Colin. Ce touchant discours était à peine terminé que le malheureux cordonnier se mit à sangloter à son tour en autorisant le bon papa Colin à faire cesser la cruelle punition de l'épouse accusée d'infidélité.

Dès lors, il s'est opéré chez le mari une réaction aussi favorable pour sa femme que le sentiment de la vengeance avait été violent et implacable dans les premiers moments qui suivirent la révélation du matelot canadien. Plus d'une fois j'ai surpris ce pauvre ouvrier pleurant son malheur à chaudes larmes dans un coin isolé du navire ; et rien ne lui était plus doux que d'entendre quelqu'un qui cherchât à le convaincre de l'innocence de son épouse. Cette prédisposition à l'indulgence était même si grande chez lui, qu'il finit par se laisser complétement persuader que le beau Léon avait commis une erreur en se réfugiant dans la couche de la jeune cordonnière. J'avoue que je n'ai pas peu contribué à faire triompher cet argument dans la pensée de notre honnête et estimable ouvrier, et loin de m'en repentir, je m'en feliciterai toujours, car, selon moi, il y a autant de mérite à réconcilier ses semblables qu'il y a de bassesse à provoquer leur inimitié plus ou moins légitime.

CHAPITRE XXIII.

Dernière séance du Cercle récréatif.

Peu de jours après les événements que je viens de rapporter dans le précédent chapitre, notre navire était dans le golfe du Mexique, et cinglait à pleines voiles vers l'embouchure du Mississipi. Les séances du *Cercle récréatif* avaient été souvent interrompues par les incidents plus ou moins graves qui survenaient parmi la gent de l'entre-pont; mais le papa Colin n'en était pas moins désireux de faire régner la bonne harmonie parmi ses humbles administrés, surtout vers la fin de la traversée, à la veille d'une séparation éternelle pour un si grand nombre de ses compagnons de voyage et d'infortune.

Ce digne magistrat, en apprenant que nous étions si près du port de notre destination, voulût donner une dernière séance récréative avec un éclat inusité. Il informa le bon Gilbert de cette résolution en le priant de se préparer à chanter les plus beaux morceaux de son répertoire dans cette réunion. Puis, se rappelant sans doute que j'avais souvent fait partie des auditeurs du Cercle sans avoir jamais contribué à ses récréations parlantes ou chantantes, il se crut en droit de m'engager à profiter de cette dernière occasion pour payer la dette que je devais aux membres de cette réunion.

— Je tiens, me dit-il, à donner encore une séance récréative qui laisse de bons souvenirs dans l'esprit de mes administrés. Je vous préviens, Monsieur, que je compte sur vous pour faire les frais de cette soirée ; et comme je vous en informe d'avance, je ne vous laisse aucun prétexte pour décliner la faveur que je vous demande.

— Ce n'est pas une faveur que vous me demandez, monsieur Colin, mais un honneur que vous m'offrez. Je me rappelle trop bien le plaisir que je dois à votre cercle, pour ne pas vous en prouver ma reconnaissance en acceptant avec empressement l'invitation que vous me faites pour ce soir. Je ne regrette qu'une chose, c'est de ne pouvoir m'acquitter envers vous et vos administrés, en cette solennelle occasion, comme vous le méritez ; mais il est un proverbe qui dit : « Quand on fait ce que l'on peut, on fait ce que l'on doit. » Ne l'oubliez pas, mon cher monsieur Colin, lui dis-je.

— C'est entendu, reprit-il en s'éloignant, vous allez vous préparer à nous raconter une bonne et curieuse histoire.

— Je vous promets de faire de mon mieux à cet égard. Et le soir, je fus ponctuel à me rendre à la réunion pour y acquitter ma dette de narrateur.

Me voici enfin à la place où ces soirées avaient lieu.

Le papa Colin occupe, comme toujours, le tonneau servant de fauteuil présidentiel. Il m'invite de sa voix sonore et affectueuse à raconter une longue et intéressante histoire aux membres de cette réunion. Cette invitation sembla exciter la curiosité de tout l'auditoire; et j'avoue que je me sentis intimidé par le silence qui se fit pour écouter mon récit. Mais je repris un peu d'assurance en me rappelant que j'étais là en présence de gens aussi bien disposés à l'indulgence pour moi que je l'avais été pour eux dans les séances précédentes.

Voici enfin ce que j'ai raconté :

— L'histoire que vous allez entendre, mes amis, m'a été rapportée par une personne digne de foi et placée de manière à connaître bien des récits de ce genre. Cette personne remplissait les fonctions de concierge, et même celles de femme de ménage à l'occasion. C'est en cette dernière qualité que j'ai utilisé particulièrement ses services, et qu'elle m'a favorisé de cette longue narration.

Pour être plus concis et pour rendre peut-être plus intéressante cette histoire, vous me permettrez d'éviter toutes les parenthèses et les circonlocutions que s'est permises ma femme de ménage en me la racontant un jour en échange des étrennes que l'usage m'avait fait un devoir de lui donner.

Cette brave femme, qu'on appelait madame Galois, avait succédé à une concierge qui est un des principaux personnages qui figurent dans ce récit, dont la véracité ne fait pour moi aucun doute. Je commence ; écoutez :

« Du temps de la concierge que madame Galois avait remplacée, il y avait une vieille fille nommée Gertrude, occupant une mansarde dans les plus hautes régions de la maison. Ce réduit était habité par cette locataire depuis si longtemps, qu'on avait oublié la date de son entrée dans la maison. Lorsqu'il s'agit de location, la chose essentielle pour un propriétaire, c'est d'être bien payé; et la vieille fille s'acquittait parfaitement de cette formalité, grâce, toutefois, aux bienfaits dont elle était l'objet de la part de personnes charitables. La pauvre Gertrude se montrait digne de l'assistance de ses protecteurs par des mœurs irréprochables et une conduite laborieuse. Son travail était peu productif, comme celui des personnes de son sexe qui n'ont que l'aiguille à faire valoir; mais elle tirait de cet instrument tout le parti que lui permettaient ses modestes capacités de lingère. Elle seule savait combien elle était redevable aux mains discrètes qui venaient à son aide; mais à sa mise grossière et aux maigres provisions alimentaires qu'elle faisait, l'on pouvait supposer qu'elle avait du penchant pour l'avarice, ou que ses bienfaiteurs la secouraient avec une grande parcimonie. L'économie exagérée de Gertrude devint encore plus évidente quand l'âge la priva des ressources du travail par l'affaiblissement de la vue et les autres infirmités physiques qui servent presque toujours d'escorte aux dernières années d'une grande vieillesse. La pauvre fille n'avait alors d'autre occupation que celle de tenir son humble ménage en ordre et de se rendre à l'église chaque jour pour y remplir pieusement les devoirs de sa religion, qu'elle avait, du reste, toujours pratiqués avec le plus grand zèle.

« Gertrude aimait la solitude. Elle ne fréquentait personne, ne recevait d'autres visites que celles de ses bienfaiteurs. Jamais on ne lui avait entendu parler de sa famille, bien qu'elle fut native de la capitale. Cet isolément laissait supposer que la pauvre fille avait été élevée dans une maison d'orphelins, et qu'elle était peut-être le fruit d'une faute et d'une mauvaise mère. Ce qui donnait du poids à cette supposition, c'est que notre vieille fille ne fut jamais connue que sous le nom de Gertrude ; nom qui semblait plutôt lui venir de la solennité du baptême que de la légtimité de sa naissance. »

Si j'entre dans ces détails, c'est pour donner plus de lucidité à la suite de cette histoire.

« Depuis que la pauvre Gertrude ne pouvait plus se livrer au travail, à cause de l'affaiblissement excessif de ses yeux, elle allait chaque matin entendre la messe à Saint-Roch, sa paroisse. La concierge s'étant rappelée n'avoir aperçu sa vieille locataire depuis deux jours, crut devoir s'assurer si elle n'était pas retenue dans son gîte par une grave indisposition. Après avoir frappé plusieurs fois à la porte de Gertrude sans recevoir la moindre réponse, la concierge fit venir un serrurier pour connaître la cause de cet inquiétant silence. La porte ayant cédé sans peine aux crochets de l'artisan, un spectacle horrible frappa les regards de la concierge en pénétrant dans la chambre. La pieuse Gertrude avait cessé de vivre, et son corps gisait sur le plancher tout défiguré par la chute d'une mort violente. La pauvre fille avait succombé à une attaque d'apoplexie foudroyante.

« Les pressentiments de la concierge se trouvaient donc justifiés par la fin subite et inattendue de cette malheureuse locataire. Il ne restait plus qu'à faire donner la sépulture du pauvre à ses restes mortels ; et c'est ce qui eut lieu aussitôt que le permirent les formalités légales. Gertrude avait passé ses jours dans l'isolément, et ses funérailles n'eurent d'autres témoins que ceux qui étaient chargés de remettre son corps à la terre qui le réclamait.

« La succession de Gertrude restait donc vacante faute d'héritiers connus ; et personne n'aurait été désireux de l'accepter en jugeant de son importance par l'humble aspect du mobilier que contenait la mansarde de la défunte. Il ne restait qu'un terme à prélever sur la vente de ce mobilier ; mais il eût fallu que quelqu'un attachât un grand prix à ces objets en souvenir de celle qui s'en était servi, pour les prendre pour la somme que le propriétaire réclamait en son absence par l'intermédiaire de sa concierge.

« La mansarde de la défunte avait besoin d'un grand nettoyage pour effacer les traces que la mort y avait laissées. La portière, profitant de l'absence du maître de la maison, n'hésita pas, pour s'épargner une pénible corvée, à faire présent du mauvais et unique matelas de la couche de Gertrude à un chiffonnier, pour que celui-ci se chargeât de faire ce nettoyage consciencieusement.

« Le chiffonnier remplit ses devoirs en homme scrupuleux, et s'éloigna en remerciant la concierge du modeste cadeau qu'elle lui avait fait pour rémunérer ses services.

« A son retour, le propriétaire demanda l'inventaire qu'on avait dressé des effets laissés par sa défunte locataire ; et, en voyant que les matelas n'y figuraient pas, il accusa la concierge de les avoir détournés à son profit, et la chassa de son poste comme une servante infidèle. Ce rapace propriétaire ne se borna même pas à renvoyer sa concierge pour la punir de l'excès d'autorité qu'elle s'était permis, il lui retint sur ses gages l'appoint qui manquait pour solder complétement le loyer de la défunte, après avoir pris le produit de la vente de son modeste mobilier. La pauvre portière eut beau se récrier contre la conduite de son cupide maître, il ne lui fit pas grâce d'un centime de la somme qu'il réclamait.

« Madame Boutin (c'était le nom de cette concierge) étant veuve, avancée en âge et sans autre ressource pour vivre que le travail, regretta plus d'une fois d'avoir commis cette légère faute sans avoir réfléchi aux fâcheuses conséquences qu'elle pouvait avoir pour son avenir et celui de son unique enfant, trop jeune encore pour se passer de l'appui maternel.

« La pauvre femme fit tous ses efforts pour se procurer la garde d'une autre maison ; mais elle ne pût y parvenir à cause des mauvais renseignements que son dernier maître donnait sur son compte quand elle envoyait prendre des informations près de lui. Que de fois la malheureuse n'a-t-elle pas maudit ce tigre de propriétaire pour l'injuste et cruelle vengeance qu'il exerçait contre une femme qui manquait de pain en manquant d'occupation ! Mais comme de maudire ceux qui nous nuisent pour satisfaire de mauvais sentiments ne répare pas leur coupable conduite, madame Boutin a fini par se résigner à renoncer pour jamais au titre de concierge ; et se serait trouvée bienheureuse, si elle eût pu échanger ce modeste titre contre celui de simple femme de ménage de quelques vieux burocrates célibataires. Cet humble poste était encore trop élevé pour l'ex-portière. Plusieurs fois elle s'est présentée pour offrir ses services en cette qualité, et chaque fois on les a refusés en lui faisant comprendre que son âge ne lui laissait pas assez de vigueur et d'agilité pour remplir convenablement ce poste de domesticité ambulante. Que faire alors? se demandait-elle en versant des larmes de désespoir. Mendier? la loi s'y oppose. Cependant, il faut manger pour vivre, ou se suicider pour éviter de mourir de faim. Ce dilemme n'offrait pas une conclusion bien séduisante à cette pauvre femme. Il est probable qu'elle aurait préféré la dernière proposition pour mettre un terme à ses souffrances physiques et morales, sans l'affection qu'elle portait à son fils et en qui elle espérait pouvoir trouver un appui efficace quelques années plus tard.

« L'infortunée s'était réfugiée au faubourg Saint-Antoine, où elle habitait un réduit au cinquième étage d'une maison occupée par des ouvriers de la classe la plus humble. Une porte bâtarde donnait accès dans cette demeure, trop modeste pour se faire garder par le plus humble des portiers; mais comme le propriétaire de cette maison borgne y remplissait les fonctions de marchand de vin dans une boutique située au rez-de-chaussée, il ne craignait pas de voir quitter ses logements sans en avoir fait préalablement acquitter les termes échus ou à écheoir. Cette position du propriétaire avait le double avantage de lui économiser un portier, et de donner presque forcément à son commerce le patronage de tous ses locataires.

« Dans son malheur, la veuve Boutin remerciait encore le ciel de voir que son fils ne partageait pas sa misère. Il était en apprentissage chez un célèbre ciseleur du quartier Saint-Martin, et son patron le traitait, contre l'habitude, plutôt en fils qu'en apprenti. Au moment où la veuve Boutin perdit son poste de portière, il y avait environ dix-huit mois que son enfant apprenait sa profession artistique, et l'élève avait déjà fait des progrès si remarquables, que le maître avait réduit le temps d'apprentissage à trois années, au lieu de quatre que portait l'engagement consenti par la veuve Boutin. Cette pauvre mère oubliait souvent sa misère pour songer aux éloges qu'on lui faisait de son fils; elle le voyait déjà hors d'apprentissage, gagnant huit ou dix francs par jour, avec la perspective de pouvoir devenir à son tour chef d'un établissement plus ou moins considérable. Ce doux espoir, avec un peu d'aide du bureau de charité et quelques sous que cette brave femme obtenait de son aiguille, composaient toutes les ressources de son existence.

« Il y avait à peu près six mois que cette bonne mère habitait son réduit du faubourg Saint-Antoine, quand le marteau mobile attaché à la porte de la maison frappa cinq coups par l'intermédiaire d'un facteur, qui appela ensuite madame Boutin de toute la force de ses poumons.

« Ne recevant jamais de lettres, la pauvre femme laissa répéter son nom par le messager de la poste avant d'aller à lui. Un moment de retard de plus, le facteur allait s'éloigner en emportant cette missive inattendue.

— « C'est bien madame Boutin que vous avez appelée? demanda-t-elle au facteur.

— « Elle-même. Prenez cette lettre si ce nom est le vôtre, et donnez-moi trois sous, dit le messager officiel.

« Ce jour-là, cette malheureuse ne possédait même pas cette modique somme de quinze centimes; ce fut à la générosité de son propriétaire qu'elle dut de ne pas voir cette lettre reprendre le chemin de la poste pour y être mise au casier de rebut.

« En regagnant sa mansarde, la veuve Boutin regardait l'adresse de sa lettre pour voir si elle était de la main de son fils ; elle ne pouvait s'en assurer faute d'avoir ses lunettes. Il lui tardait donc d'être arrivée chez elle pour offrir cet indispensable auxiliaire à ses yeux affaiblis, afin de connaître l'auteur et le contenu de cette épître. Voici donc ce que disait cette lettre :

« Madame,

« Si j'eusse pu découvrir plus tôt votre demeure, vous n'auriez pas eu si longtemps à lutter contre les étreintes de la misère ; mais vous pouvez vous consoler du passé en songeant à l'avenir, car, à partir de ce jour, la prospérité matérielle ne cessera de vous accompagner. Les deux billets de mille francs chacun que vous trouverez sous ce pli forment la moitié de la pension annuelle qui vous sera ponctuellement servie tous les six mois, et je n'attends de vous qu'un mot adressé aux initiales J. C., poste restante, à Paris, pour avoir la preuve que la somme ci-incluse vous est parvenue, et vous adresser deux mille francs de plus destinés à payer les frais préliminaires de l'éducation solide que je désire vous voir donner à votre fils. Il est entendu que les frais de cette éducation restent à ma charge, et que je les acquitterai avec la même exactitude que je mettrai à servir votre pension annuelle.

« Votre logement ne se trouvant plus en rapport avec votre aisance, je vous engage donc, Madame, à le quitter sans délai, et à vous procurer un petit appartement que vous meublerez avec la confortable simplicité qui s'accorde avec vos ressources. Vous n'oublierez pas de me faire connaître votre demeure en m'adressant la réponse que je sollicite de vous.

« Je n'ai plus qu'une chose à vous recommander,

c'est de ne pas chercher à connaître la main qui vous protége, car, en satisfaisant votre curiosité sur ce point, vous pourriez compromettre le bonheur dont je veux vous faire jouir en gardant le secret de ma conduite. Pour le moment, qu'il vous suffise de savoir que ces bienfaits vous viennent, Madame, d'une source irréprochable, et que c'est plutôt une restitution qu'un acte de générosité que j'accomplis à votre égard.

« Votre tout dévoué,

« J. C. »

« Madame Boutin avait à peine terminé cette lecture et pris les deux billets de banque que contenait cette lettre, qu'elle tomba à genoux au pied de sa chaise, et, en versant des larmes de joie, remercia la Providence à haute voix de la faveur qu'elle lui faisait en la prenant ainsi sous sa divine protection.

— « Cette main inconnue qui m'envoie la fortune par la poste ne peut être que celle de Dieu même, se disait la pauvre veuve dans l'effusion de sa pieuse reconnaissance pour son noble protecteur inconnu.

« En cherchant à s'expliquer la faveur dont elle était l'objet d'une si mystérieuse manière, et en relisant plusieurs fois le passage de la lettre qui disait que c'était plutôt une restitution qu'un acte de générosité qu'on lui faisait, elle finit par croire qu'il y avait erreur de personne, sinon de nom, dans l'arrivée de cette lettre. Cette supposition changea la joie de cette pauvre femme en crainte sérieuse pour les conséquences que la réception de cette missive pourrait avoir, si elle n'avait pas été reçue par qui de droit.

« Pour savoir la conduite qu'elle devait tenir en cette délicate circonstance, la veuve Boutin se rendit immédiatement chez le patron de son fils pour lui demander conseil. Notre artiste ciseleur n'eut besoin que de consulter la suscription de l'heureuse épître pour être convaincu qu'elle avait bien été remise à la personne à laquelle on l'avait destinée, puisque cette suscription ajoutait l'épithète de veuve au nom de l'ex-portière.

— « Allons, dit l'infortunée en revenant à la joie que cette lettre lui avait d'abord causée, allons, je serai riche puisque vous le voulez. Puis, se tournant vers son fils qui était présent à cet entretien, elle le prit dans ses bras affaiblis et amaigris par la misère pour le presser affectueusement sur son cœur.

— « Mon cher enfant, lui dit-elle d'une voix émue jusqu'aux larmes, puisque Dieu nous tend la main pour nous arracher du malheur, montrons-nous dignes de ses bontés.

« La lettre de ce bienfaiteur inconnu ayant été attentivement commentée par le patron du jeune Boutin, il fut décidé, à l'instant même, que l'apprenti ciseleur entrerait sous peu de jours dans un collége pour y recevoir une instruction conforme au désir exprimé par son noble protecteur. De son côté, l'ex-portière changea son réduit du faubourg Saint-Antoine contre un modeste, mais confortable logement, situé dans un quartier moins populeux et plus paisible de la capitale. Comme son fils avait été mis au collége Louis-le-Grand, elle s'était logée dans les environs du palais du Luxembourg, afin d'être près de son unique enfant et du plus délicieux jardin public de Paris.

« Le mystérieux protecteur qui avait transformé la misère de la veuve Boutin en un bien-être plus capable de donner le vrai bonheur que l'opulence même, ne perdait pas de vue ses deux humbles protégés ; du moins, il le prouvait par l'exactitude qu'il mettait à remplir les promesses qu'il leur avait faites dans sa première lettre, dans laquelle se trouvaient aussi les bons conseils qu'il avait donnés à la veuve Boutin dans l'intérêt de l'avenir du jeune collégien. Il recommanda, entre autres choses, à cette brave femme de donner à son fils, après qu'il aurait fini ses études, une profession qui pût le mettre, par le travail, à l'abri des coups de l'adversité, de ne pas oublier surtout, dans cette impérieuse circonstance, de consulter et de provoquer l'aptitude du jeune homme.

— « Chaque membre de la grande famille humaine, disait-il, a une aptitude prédominante ; et si chacun observait cette faculté spéciale que la nature lui a donnée en naissant, l'état social y gagnerait autant d'harmonie et de prospérité que le dédain des capacités innées produit de malheur et de perturbation chez les peuples civilisés.

« Ces judicieuses remarques faisaient la plus vive impression sur l'esprit du jeune Boutin. Il aurait donné la moitié de la durée de son existence pour connaître l'homme qui lui voulait tant de bien. Pour se rendre digne de son bienfaiteur inconnu, le protégé poursuivait ses études avec un zèle qui prenait sa source dans les sentiments d'une pieuse reconnaissance. Mais cet amour du travail étant poussé à l'excès provoqua une fièvre cérébrale qui conduisit le fils de l'ex-portière au seuil de la tombe.

« Je ne chercherai pas à vous peindre la douleur que cette bonne mère éprouva pendant que son enfant lutta ainsi contre la mort. La pauvre femme, dans son légitime et profond désespoir, accusait presque intérieurement son mystérieux protecteur d'être la cause de la maladie qui menaçait de lui enlever ce qu'elle avait de plus cher au monde. Elle n'aurait pas manqué de maudire les faveurs de la fortune si la fièvre, qui consumait son unique enfant, eût été plus forte que la séve de la jeunesse et les tendres soins d'une mère auxquels se joignaient ceux des premiers médecins de la capitale; car le bienfaiteur inconnu semblait suivre les phases de cette terrible maladie comme s'il eût été au chevet du trop studieux collégien, en lui envoyant les sommités médicales de Paris, pour n'avoir rien à se reprocher si la mort triomphait de la science.

« Enfin, la veuve Boutin en fut quitte pour des angoisses que la plume ne peut décrire. Il faut être mère affectueuse et avoir passé par cette terrible épreuve pour pouvoir en comprendre les tortures morales. A partir du moment où le danger avait disparu, la pauvre femme fit vœu de ne pas passer un jour sans remercier Dieu d'avoir bien voulu lui conserver l'enfant qui, pour elle, était plus que la vie, puisque c'était le bonheur que donne l'affection maternelle dans toute sa sublime suavité.

Le jeune homme reprit donc le cours de ses études classiques dès que les médecins lui permirent de le faire, mais en lui recommandant bien toutefois de modérer son ardeur scolastique, afin d'éviter de nouveaux désordres dans sa santé. Ces sages avis furent observés par le fils Boutin; mais il n'en resta pas moins à la tête de sa classe jusqu'à sa sortie du collége. Il fallait voir, mes amis, avec quelle juste fierté sa mère assistait chaque année au grand concours de la distribution des prix. Et pendant les vacances, quand elle se promenait avec lui dans le jardin du Luxembourg, elle semblait dire, par son attitude, que le jeune homme au bras duquel elle s'appuyait ferait un jour la gloire de la France, comme il faisait en ce moment l'orgueil de sa tendre mère.

« Le jeune Boutin, après avoir sérieusement interrogé ses goûts et s'être assuré par les témoignages d'amis sincères du talent qui se révélait naturellement en lui pour la peinture, se décida donc à embrasser cette difficile et épineuse carrière. Il se plaça sous l'égide d'un grand maître, et profita de ses leçons avec non moins de fruit et d'intelligence que de celles qu'il avait reçues au collége. Décidément, il n'est besoin que de répandre l'instruction parmi les enfants du peuple pour y trouver des hommes de génie. Dieu n'est pour rien, il paraît, dans la distribution des parchemins à l'aide desquels les monarchies veulent créer des classes privilégiées. Le fils de notre ex-portière prouve une fois de plus la véracité de cette assertion.

« On prétend que l'amour est au talent de l'homme ce que la bonne culture est à la terre, et qu'un artiste ou un écrivain n'est pas favorisé d'inspirations sublimes, s'il est invulnérable aux flèches de Cupidon. Le jeune Boutin doit donc remercier le dieu malin de s'être placé si à propos sur le chemin que suivait notre élève studieux; car autrement il était trop absorbé par son art pour aller à la recherche du fils de Vénus. Enfin, c'est toujours ainsi qu'arrivent les choses qui doivent arriver; la flèche est sortie de l'arc pour s'aller planter dans le cœur du jeune artiste et y laisser le germe d'une profonde affection. Ce n'est qu'à la tenacité invincible de l'attachement qu'un homme a pour une femme qu'on peut distinguer l'amour, cette essence de l'âme, de la passion, cette lave impétueuse des sens. Le jeune Boutin était du petit nombre de ceux qui aiment comme le bonheur le veut et comme le cœur le désire, quand il sait s'affranchir du joug des mauvais penchants. Comme tous les élèves sérieux, le fils Boutin fréquentait assidûment nos musées publics pour y copier les chefs-d'œuvre des grands maîtres de toutes les écoles, et ce fut dans la magnifique galerie du Louvre que Cupidon le rencontra occupé à copier un Raphaël à quelques pas d'une ravissante jeune fille qui copiait aussi une autre toile qui fait, dans ce temple des beaux arts, l'admiration des connaisseurs. Cette belle inconnue était toujours accompagnée d'un homme d'un âge avancé, qui semblait lui porter l'attachement d'un père et la guider dans son travail artistique en ami éclairé et en juge compétent.

« De temps en temps le jeune Boutin contemplait sa charmante voisine à la dérobée, et chaque fois il la trouvait plus belle et plus digne de sa timide admiration. La jeune fille ne fut pas longtemps à s'apercevoir des distractions qu'elle causait à notre artiste, et plus d'une fois les regards des deux copistes se rencontrèrent en allant à l'adresse l'un de l'autre. N'en était-ce pas assez pour laisser croire au fils de l'ex-portière que cette ravissante jeune fille pourrait bien finir par éprouver pour lui les doux sentiments qu'il éprouvait déjà pour elle après quelques-unes de ces rencontres fortuites? De son côté, le père de la belle inconnue, ou plutôt le monsieur qui semblait mériter ce titre, voyait, sans paraître s'en douter, les regards sympathiques que les deux jeunes gens échangeaient en silence. Loin de chercher à rompre le fil de cet amour naissant, il semblait, au contraire, en favoriser le développement en fréquentant le musée du Louvre avec une assiduité qui rendait faciles les rencontres de nos deux artistes.

« La place que cette intéressante jeune fille occupait dans la pensée du jeune Boutin ne faisait qu'exiter son zèle pour l'étude, afin de mieux mériter, par le talent, l'affection de celle qui, sans la connaître, lui semblait si digne de faire le bonheur d'un artiste laborieux, donnant un plus grand prix aux qualités du cœur qu'aux égoïstes et stériles faveurs de la fortune.

« Le maître sous lequel étudiait ce jeune homme lui conseilla de s'abstenir de concourir pour le prix de Rome, en disant qu'on pouvait arriver à se faire une juste et grande renommée artistique sans se mettre sous la protection officielle de son pays.

— « Cette protection est recherchée par les élèves qui sont incapables de faire ce stage artistique à leurs frais dans la ville immortelle; mais vous, mon enfant, disait ce digne professeur, qui n'êtes pas sous le joug de cette dure nécessité, ne vous mettez pas sous celui des académies. Votre talent y gagnera des allures franches, originales et marquées du sceau de l'indépendance que veulent les talents réels, susceptibles de laisser des œuvres qui défient le jugement de la postérité la plus reculée. Prenez ce que les écoles académiques ont de bon à vous offrir; mais si vous avez du génie, écoutez ses inspirations, et bornez-vous à les suivre avec docilité dans la voie qu'elles vous indiqueront.

« Ces conseils du maître furent religieusement observés par l'élève, et les progrès que celui-ci faisait dans sa noble carrière se révélèrent avec éclat, pour la première fois, dans les salons d'une exposition nationale. Avant de mettre ainsi son talent en évidence, le jeune Boutin avait longtemps cherché le sujet qui convenait le mieux à son pinceau. Les études sérieuses qu'il avait faites au collége ayant donné de la gravité à ses goûts et à son caractère, il se mit donc à explorer attentivement le vaste domaine de l'histoire sacrée pour y trouver le sujet qu'il voulait reproduire sur la toile, pour interroger l'opinion publique sur le mérite de son talent. Il donna la préférence au roi Roboam, fils et successeur du roi Salomon.

« Le peuple juif, après la mort de Salomon, s'adressa à Roboam, son fils, pour le prier de l'affranchir du joug que son prédécesseur faisait peser si durement sur les enfants d'Israël. Le roi demanda trois jours à l'assemblée pour lui transmettre la réponse qu'elle voulait.

« Après trois jours, le peuple revint, ayant Jéroboam en tête, pour entendre la réponse royale. Elle était loin, cette royale réponse, de promettre au peuple le changement heureux qu'il désirait obtenir de son souverain dans sa manière de gouverner. Voici textuellement cette réponse de Roboam :

— « Mon père a imposé sur vous un pesant joug; mais moi je rendrai votre joug encore plus pesant. Mon père vous a châtiés avec des fouets; mais moi je vous châtierai avec des fouets garnis de pointes. »

« C'est ce passage de la Bible que notre jeune artiste reproduisit avec son pinceau pour enseigner peut-être aux peuples modernes que les rois actuels n'ont pas dégénéré, qu'ils sont dignes de leurs prédécesseurs, et promettent de l'être longtemps encore.

« La composition de ce tableau était conçue de manière à produire un grand effet d'ensemble et de détails. Le roi occupait un trône d'une richesse éblouissante. L'attitude de ce fastueux monarque révélait toute la cruelle et vaniteuse tyrannie qui dictait la barbare réponse qu'il adressait à son peuple. La pompeuse fierté qui escortait les paroles criminelles de Roboam, ne servait qu'à mieux faire ressortir la férocité de l'homme qui avait, par sa conduite, mérité d'être maudit de Dieu, ainsi que nous l'apprend l'Écriture sainte.

« Le professeur du jeune Boutin suivait d'un œil attentif les progrès que faisait l'œuvre importante de son élève, afin de le guider de ses bons conseils ; mais il était sobre d'éloges pour ne pas exposer ce jeune talent à se préparer une déception en se persuadant d'avance que l'accueil public ne pouvait faire défaut à son tableau dans les salons de l'Exposition.

« Comme ce tableau se trouvait terminé avant l'époque prescrite pour l'examen du jury chargé d'admettre ou de refuser les ouvrages présentés, notre élève voulut offrir une autre production secondaire à cette solennité artistique. J'ajouterai que, pour être moins importante et, conséquemment, moins susceptible de contribuer à la réputation de son auteur, cette œuvre provoquait cependant chez notre jeune homme le plus vif désir de la rendre digne de l'attention particulière d'une certaine personne, sinon du public connaisseur. Le jeune Boutin avait résolu de peindre, de mémoire, sa charmante inconnue, dans le but de lui révéler discrètement la place qu'elle occupait dans ses souvenirs, et faire naître ainsi l'occasion de pouvoir lui apprendre de vive voix la douce espéranee qu'elle avait fait naître dans le cœur naïf et généreux d'un protégé de la Providence.

« Ce second tableau ne se composait pas seulement d'un simple portrait : il avait représenté la jeune fille dans le musée, occupée à copier une scène du déluge par Girodet. En donnant cet accessoire à ce portrait, le peintre voulait que celle qui en était l'objet ne pût manquer de se reconnaître, si elle l'honorait d'un regard dans les salons de l'Expositian. Il avait fait son tableau d'histoire sacrée dans les ateliers du maître, mais il se garda bien d'y élaborer le portrait de celle qu'il adorait en silence : cette production se fit dans une humble chambre qui servait d'atelier particulier à notre élève studieux. Cette pièce était située à l'étage supérieur de la maison qu'habitait le jeune Boutin avec sa bonne mère. Il aurait bien voulu connaître ce que son maître pensait de ce portrait peint avec les pinceaux de l'amour, mais il n'osait le soumettre à sa critique éclairée, dans la crainte de révéler le secret qui le stimulait si fortement au travail, et semblait le conduire d'un pas ferme et prompt vers le chemin de la célébrité.

« Avant d'envoyer ce portrait au jury d'examen, le jeune amoureux voulut pourtant savoir ce que sa mère en pensait. Il savait que la brave femme était incapable d'apprécier avec connaissance de cause le mérite de cette production du cœur et de l'esprit ; mais il était bien aise, néanmoins, de voir l'impression qu'elle en éprouverait.

— « Chère mère, lui dit-il un jour, je vous invite à venir dans mon atelier pour y voir un tableau que je veux envoyer à l'Exposition.

— « Mon enfant, répond la bonne femme, je veux bien aller voir ton tableau, mais tu sais que je le trouverai toujours superbe, quand même tout le monde dirait le contraire.

— « Je tiens à vous le montrer, ce tableau, dit le jeune homme, pour savoir les éloges exagérés que vous en ferez par affection pour moi.

« Notre ex-portière monta donc à l'atelier du jeune

peintre avec la conviction qu'elle y allait contempler un chef-d'œuvre destiné à placer d'un seul bond son auteur au pinacle de la gloire. Ce tableau de prédilection était sur le chevalet et recouvert d'une toile. L'artiste fit asseoir sa mère devant son œuvre, à une distance convenable pour en bien saisir l'effet. Le voile qui cachait cette œuvre mystérieuse était à peine enlevé, que la veuve Boutin poussa une joyeuse exclamation, qu'elle renouvela plusieurs fois pour mieux exprimer son approbation maternelle.

— « C'est un ange, mon cher enfant, que tu nous as fait là, dit la bonne femme en joignant les mains, comme si elle eût été en présence d'un de ces messagers du ciel.

— « Vous trouvez donc cette figure belle, chère mère? demanda le fils en exprimant sur ses traits le plaisir que lui causait l'admiration de l'ignorante femme qu'il interrogeait.

— « Si belle, mon enfant, que je ne crois pas en avoir vu de pareille devant les boutiques des marchands de gravures de Paris. Est-ce que c'est pour mettre dans une église, mon Paul, que tu as fait ce superbe tableau? ajouta la veuve Boutin.

— « Ce n'est pas une sainte que représente ce tableau, chère mère, mais bien une belle jeune fille comme vous l'indique son costume : c'est la déesse des beaux-arts, à qui j'ai donné le costume d'une simple Parisienne.

— « La déesse des beaux-arts, est-ce que ça n'est pas une espèce de sainte, mon garçon, que les peintres adorent? demanda naïvement la veuve Boutin.

— « Vous avez bien deviné, bonne mère, car c'est cette déesse que tous les vrais artistes prient avec autant de ferveur que vous priez chaque jour la Vierge pour lui demander la continuité de bonheur dont nous jouissons ensemble, fit le jeune homme en s'approchant de sa mère pour lui prodiguer les plus touchantes caresses filiales.

« Transportée d'affection et de fierté maternelle pour un si digne fils, madame Boutin versait des larmes de joie en serrant son enfant sur son sein et en lui prodiguant les plus tendres et les plus douces épithètes qui puissent se réfugier dans le cœur d'une mère sensible et dévouée.

« La bonne femme ne craignit pas d'assurer à son fils que le public partagerait son opinion quand il serait appelé à la donner dans les salons de l'Exposition.

« Madame Boutin disait vrai : ce tableau fut trouvé admirable dans son ensemble comme dans ses détails. L'attitude de la jeune fille était des plus intéressantes en copiant cette scène du déluge. Sa physionomie pure et suave, révélait autant de sensibilité pour les êtres que les flots poursuivaient jusque sur la cime des plus hautes montagnes, que de vocation pour la noble profession qu'elle étudiait avec une fervente assiduité.

« Nous voici arrivés au jour de l'ouverture de l'Exposition. Les deux tableaux du jeune Boutin y ont été admis, non par faveur, mais parce qu'ils méritaient cet honneur. Le public se porte en foule vers le Louvre, les uns pour tout admirer, et les autres pour tout critiquer. Notre jeune artiste sortira-t-il victorieux de cette première et redoutable épreuve ? Que de fois ne s'est-il pas adressé à lui-même cette terrible question, en considérant attentivement ses deux toiles après les avoir animées avec son habile pinceau. A mesure que le jour du jugement arrivait, l'anxiété de notre jeune homme devenait si vive qu'elle finit par le priver de sommeil et lui couper l'appétit. Le succès qu'il désirait voir obtenir à ses tableaux n'était pas invoqué par la cupidité, mais seulement par les nobles sentiments d'ambition que lui inspirait la jeune fille qui régnait dans son cœur en souveraine absolue : c'était moins l'approbation du public qu'il voulait pour ses œuvres que celle de l'objet qui présidait à toutes ses pensées.

« Aussi, pour être témoin oculaire et auriculaire de l'accueil que sa belle inconnue ferait à ses tableaux, le jeune Boutin fut un des premiers à pénétrer dans les galeries du Louvre pendant les deux premières semaines qui suivirent le jour où commença cette solennité artistique.

« Chaque matin il se disait en se levant : « Est-ce aujourd'hui qu'elle viendra visiter l'Exposition ? » Puis il se dirigeait avec anxiété vers le palais du Louvre, espérant pouvoir répondre à cette question quelques heures plus tard avec connaissance de cause. Mais il se l'est renouvelée quinze fois de suite, cette inquiétante question, avant d'y pouvoir répondre affirmativement.

« Ce digne jeune homme était si tourmenté par cette incertitude que sa santé en devenait visiblement altérée. Sa mère s'alarmait de le voir triste et dépérir sans pouvoir s'expliquer la cause de cette débilité. L'excès du travail pouvait avoir opéré cette fâcheuse influence sur le physique du jeune artiste ; mais la tristesse étant toujours provoquée par des peines morales, la veuve Boutin aurait pu, si elle eût eu plus de sagacité, chercher ailleurs que dans les occupations de son fils la cause du malaise qu'il ressentait. Plus cette tendre mère tâchait, par des soins empressés, de rappeler la santé de son enfant, plus celui-ci semblait marcher plus rapidement vers une nouvelle et grave maladie. Quelques jours de plus de cet état moral chez notre jeune homme, les craintes de sa mère se fussent réalisées. Mais le médecin que demandait cette maladie vint heureusement à temps pour la faire évanouir comme un songe, après l'avoir aggravée un instant sans le vouloir.

« Il y avait quinze jours, ai-je dit, que notre amoureux se tenait en faction au Louvre auprès de ses tableaux, lorsque ses regards aperçurent dans la foule celle qu'il attendait avec tant d'impatience. Elle était accompagnée par le monsieur que notre jeune homme prenait pour le père de son adorée.

« En les voyant se diriger vers ses ouvrages, notre artiste manœuvra de manière à voir l'effet que le fameux portrait produirait sur la jeune fille. Il est inutile de dire qu'en ce moment le cœur du pauvre garçon battait à lui briser la poitrine. Cela se conçoit, puisqu'il attendait, de l'impression qu'éprouverait son inconnue, le bonheur ou le malheur de toute sa vie.

« Quand nos deux visiteurs furent assez près des tableaux du fils Boutin pour les pouvoir examiner, il se passa une petite scène qui fit rayonner de joie la figure de notre artiste. Un monsieur s'étant avisé de porter alternativement ses regards sur la jeune fille et le tableau qui la représentait, s'aperçut bien vite qu'il y avait une ressemblance frappante entre cette belle inconnue et le portrait en question. Ce monsieur ayant communiqué sa découverte à un voisin, et celui-ci à un autre, l'original du portrait devint donc aussitôt le point de mire et d'admiration de tout le monde, si bien que la jeune fille et son compagnon furent obligés pour faire cesser cet hommage rendu à la beauté et au talent de l'artiste, de quitter immédiatement les salons de l'Exposition.

« De son côté, l'amoureux s'éloigna avec la douce certitude d'avoir assez bien reproduit les traits ravissants de son adorée, pour que le premier venu la puisse reconnaître dès qu'elle serait en présence de ce tableau charmant. Cependant, avec un peu de réflexion, le fils Boutin comprit qu'il ne suffisait pas, pour un peintre, de faire ressemblant et d'inspiration le portrait d'une femme pour être aimé d'elle. Cette judicieuse remarque rappela l'inquiétude et l'anxiété qu'un moment d'exaltation artistique avait chassées du cœur de notre jeune homme.

« L'amour est tour à tour aussi ombrageux que confiant ; un regard, un geste d'un objet aimé sont interprétés d'après la confiance ou la crainte que ce doux sentiment nous inspire.

— « Ah ! si elle savait les souffrances qu'elle me cause, se disait le pauvre artiste, elle ne serait peut-être pas assez cruelle pour me laisser consumer ainsi à petit feu.

« Dans cette terrible situation, il sentait que son mal s'aggravait, parce qu'il n'en faisait confidence à personne : son cœur se serait soulagé en laissant échapper ses angoisses dans le sein d'un discret ami. Quel meilleur ami pouvait-il avoir dans le monde que sa bonne vieille mère ? Il comprit qu'il avait eu doublement tort de n'avoir pas révélé plus tôt, à celle qui lui avait donné le jour, la secrète affection qu'il portait à sa belle inconnue ; car cette confidence, en calmant les vives inquiétudes d'une tendre mère, pouvait adoucir également les douleurs que l'amour causait à un bon fils. Il se décida donc à faire l'aveu de sa mystérieuse affection à sa digne mère. Quand il eut confessé que son malaise et sa tristesse n'avaient d'autre cause qu'un invincible amour pour l'original du portrait que la veuve Boutin avait tant admiré, la brave femme embrassa tendrement son fils, et lui dit :

— « Quel mal y a-t-il, mon cher enfant, d'être amoureux ?

— « Le mal qu'il y a, chère mère, répondit-il, c'est de ne pas être aimé de celle qu'on aime.

— « Ne pas être aimé ? allons donc ! je voudrais bien voir ça, par exemple ! Que te manque-t-il donc, mon Paul, pour plaire à une femme et lui faire son bonheur ? N'as-tu pas reçu une bonne éducation ? N'es-tu pas riche, puisque tu as du talent autant qu'il en faut pour faire des tableaux qu'on admire à l'Exposition. Donne-moi vite l'adresse de cette belle fille, mon trésor, et je me charge de tout arranger, dit la bonne mère avec l'assurance que lui donnait son affection maternelle pour le meilleur des fils.

— « Vous donner son adresse, dit notre artiste, je ne le puis, par la raison bien simple que je ne la connais pas moi-même. Du reste, je saurais où elle demeure, que je ne vous laisserais pas faire cette démarche, chère mère, dans la crainte de vous exposer à une réception aussi pénible pour vous qu'humiliante pour moi, si cette jeune fille ne savait pas apprécier le dévouement dont est capable une mère affectionnée.

« Cette réponse ne satisfit pas la veuve Boutin ; elle adressa un nombre infini de questions à son fils pour savoir où il avait rencontré cette jeune fille ; pourquoi il n'avait pas cherché à savoir où elle restait et qui elle était.

— « Je l'aimais trop pour m'exposer à lui déplaire en

me montrant indiscret. J'attendais et j'attends encore qu'il se présente une occasion de la connaître autrement qu'avec les yeux, répondit notre amoureux à sa tendre mère.

« Peu de jours après que cet entretien avait eu lieu, le fils Boutin reçut deux lettres par lesquelles on lui offrait cinq mille francs de son tableau tiré de l'histoire sacrée, et quatre mille francs de son portrait de fantaisie. L'acquéreur de ce dernier tableau disait que si son offre était dépassée par d'autres, il donnerait cinq cents francs de plus que la somme la plus forte qu'on pourrait offrir de ce portrait.

« La lettre, qui s'exprimait si généreusement, était signée Félix Courval. Notre artiste était prié de répondre à cette missive aussitôt que possible.

« Le prix qu'on offrait de ce portrait était aussi élevé que le pouvait exiger l'artiste pour rémunérer le mérite réel de son œuvre ; mais on comprend que le motif qui avait poussé notre jeune homme à reproduire les traits de celle qui faisait le sujet de ce tableau était trop noble, trop pur et trop désintéressé, pour se laisser influencer par l'argent. C'était l'affection qui avait inspiré ce travail, et l'affection seule pouvait le récompenser.

« Certes, il serait mort de joie, ce digne jeune homme, s'il avait pu connaître l'accueil intérieur que sa belle inconnue fit à ce tableau en l'apercevant. Les femmes, plus que tout autre personne, sont sensibles aux hommages qu'on leur rend, surtout aux hommages délicatement accordés, comme celui dont il est question.

La jeune fille, une fois rendue chez elle, se mit à rêver, avec une certaine fierté mêlée de beaucoup de plaisir, à ce peintre qui l'avait si bien reproduite sans son intervention. Elle se demandait, tout en croyant le savoir, l'intention qu'avait cet artiste en lui apprenant, d'une manière si délicatement constatée, combien les traits de l'original de ce portrait étaient fidèlement gravés dans la mémoire de celui qui l'avait fait. En consultant le livret de l'Exposition, elle vit que l'auteur de cette agréable surprise se nommait Paul Boutin. C'était la première fois que ce nom de peintre venait frapper ses regards et son attention. Elle fut presque convaincue que ce nom artistique appartenait au jeune homme qu'elle avait si souvent rencontré au musée du Louvre quand elle y copiait le tableau qui servait d'accessoire à son portrait. Cette supposition lui paraissait si vraisemblable, qu'elle aspirait déjà après l'occasion de pouvoir manifester au jeune Boutin le plaisir qu'elle avait éprouvé en se reconnaissant comme sujet principal de ce tableau de fantaisie. Ses goûts pour la peinture, et les études qu'elle avait déjà faites dans cet art difficile, la mettaient à même d'apprécier le mérite exceptionnel de notre jeune artiste. La galanterie mystérieuse dont elle se voyait l'objet de la part de ce jeune peintre inconnu la prédisposait, il est vrai, à juger son talent avec indulgence; mais comme ce jeune homme avait un mérite artistique réel, elle ne s'écartait pas de la vérité en prédisant qu'il occuperait un jour une place distinguée parmi les hommes de sa profession.

« Elle était seule dans sa chambre quand ces suppositions lui vinrent à l'esprit. Et pour mieux s'assurer encore de la fidèle ressemblance que ce portrait avait avec ses traits angéliques, elle se considéra plus attentivement que jamais dans la psyché qui lui avait déjà dit tant de fois qu'elle était belle et fraîche comme la rose qui sourit aux caresses du printemps. Combien notre artiste eût été heureux s'il eût su ce qui se passait dans le cœur de sa belle inconnue.

« La lettre qui lui offrait un bon prix de son portrait fit naître une singulière pensée au jeune Boutin. Il soupçonna ce libéral acquéreur d'être plus amoureux de l'original du portrait que de l'œuvre de l'artiste même; et ce soupçon le détermina à porter une réponse orale à l'auteur de cette lettre, afin de savoir à quoi s'en tenir à l'égard de sa générosité.

« Arrivé à l'adresse indiquée par ce M. Courval, le fils Boutin fut désagréablement surpris de trouver une maison de riche apparence. Si ce Courval, se disait-il, est mon rival, je crains bien que le poids de ses écus ne l'emporte sur mon affection dans le choix, sinon de celle que j'aime, mais dans celui de son père.

« Tout en faisant ces réflexions, notre artiste montait un vaste escalier pour se rendre au premier étage de la maison, où demeurait son acquéreur. Il sonna, et un domestique sans livrée, contrairement à ce qui arrive dans des maisons d'une telle apparence, vint ouvrir aussitôt. Sur la demande qu'en fit notre artiste, il fut introduit sans difficulté auprès de M. Courval. Mais quel ne fut pas l'étonnement du jeune Boutin en reconnaissant dans son libéral acquéreur le monsieur qui accompagnait toujours son adorée au musée, et qu'il prenait pour le père de cette belle inconnue. Cette rencontre inattendue déconcerta tellement notre amoureux qu'il ne savait comment justifier sa démarche. Il balbutia quelques paroles en remettant à M. Courval la lettre qu'il lui avait adressée.

« L'acquéreur, devinant la cause du trouble qu'éprouvait notre artiste, le pria avec bonté de s'asseoir et de lui dire si le prix qu'il lui offrait de son tableau lui semblait assez élevé.

« Cette affabilité rendit la présence d'esprit au jeune Boutin, qui répondit modestement :

— « La somme que vous offrez de mon tableau est bien au-dessus du mérite de l'œuvre ; mais je l'accepte, Monsieur, à titre d'encouragement en faveur d'un jeune et humble artiste qui fait son apparition.

— « Vous me permettrez de ne pas être de votre avis sur ce point, Monsieur, mais l'essentiel pour moi est de me voir possesseur de votre portrait de fantaisie, répondit M. Courval en appuyant sur ses dernières paroles intentionnellement.

— « C'est une affaire entendue ; ce tableau vous sera livré en sortant de l'Exposition, répondit l'artiste d'un air de satisfaction qui n'échappait pas à l'estimable acquéreur.

— « Je souhaite, Monsieur, que mon acquisition vous soit aussi agréable qu'à moi, et vous ouvre promptement le chemin d'une grande et profitable célébrité, dit M. Courval.

« Là-dessus, le fils Boutin remercie d'un signe de tête et se trouve le plus heureux des amoureux, bien que ses regards n'aient pu apercevoir dans cette riche demeure celle qui fait battre son cœur depuis si longtemps.

— « Je voudrais ajouter une condition à notre marché, si vous me le permettez, dit l'acquéreur.

— « Laquelle, Monsieur ? fit l'artiste.

— « Je désire vous avoir à dîner le jour que vous me livrerez votre tableau ; acceptez-vous ?

— « Certes, Monsieur, votre invitation me fait trop d'honneur pour que je la décline, répondit l'amoureux en rougissant de plaisir.

— « Si je ne craignais pas d'être indiscret, reprit M. Courval, je vous demanderais si vous avez vos parents à Paris, et vous prierais de leur dire que je les invite à partager le dîner que je vous offre.

— « Je n'ai plus que ma mère, répondit le jeune homme; mais je ne pense pas, Monsieur, qu'elle consente à m'accompagner, par la raison toute simple que ses habitudes sont celles d'une femme du peuple, et qu'elle serait mal à l'aise dans la société des classes élevées.

— « Ce que vous me dites là, Monsieur, ne fait que me rendre plus désireux de vous voir accompagné par votre chère mère, qui, j'en suis convaincu, vous aime autant que vous l'aimez vous-même. Pour la déterminer à accepter mon invitation, vous n'avez qu'à lui dire que vous vous êtes engagé envers moi à la rendre témoin du bel effet que produira votre tableau dans mon salon. Si vous lui affirmez cela, mon jeune artiste, elle viendra, pour ne pas vous faire manquer à votre parole, et un peu aussi par obéissance à sa juste fierté maternelle, fit l'acquéreur d'un ton d'urbanité qui fascinait son interlocuteur.

— « Je vous promets, répond l'artiste d'une voix émue, de faire mon possible pour décider ma mère à se joindre à moi, pour reconnaître, par sa présence, le noble accueil que vous faites, Monsieur, à l'obscur mérite d'un peintre débutant.

« Sur ce, il salua son noble et riche acquéreur, et se retira plus heureux que le plus heureux des mortels. Il avait bien promené furtivement ses regards, pendant cet entretien, pour trouver quelques traces de la présence de son adorée dans cette somptueuse demeure; mais rien ne lui avait révélé que cette résidence fût la sienne. Notre jeune amoureux avait un moyen fort simple pour savoir qui était et ce qu'était M. Courval : ce moyen consistait à faire une petite et secrète enquête sur ce personnage si prédisposé à favoriser l'essor artistique d'un inconnu.

« Le résultat de cette enquête fut que M. Courval passait dans son quartier pour un homme aussi honorable et aussi généreux qu'opulent. On le disait veuf, et n'ayant pour toute famille qu'une fille admirée de tous ceux qui la connaissaient pour sa beauté, son intelligence et les qualités du cœur. Les pauvres étaient ses meilleurs amis et l'objet de ses soins. Jamais l'infortune ne frappait en vain à la porte de M. Courval ; un ange se présentait toujours pour lui tendre une main secourable.

« Une fois ces renseignements obtenus par le fils Boutin, il les confia à sa mère qui, alors, ne fit aucune difficulté d'aller dîner chez des gens si bons, si simples et si bien appréciés dans leur quartier. Du reste, il faut dire que la bonne femme pensait que cette invitation avait un but caché que son fils devait deviner mieux qu'elle encore, quoiqu'il n'en disait pas un mot.

« La fin de l'Exposition est arrivée. Le fameux portrait va passer du salon du Louvre dans celui de M. Courval. Mais ce changement de domicile s'est effectué avec mystère, pour réserver une grande et agréable surprise à mademoiselle Courval qui ne savait pas un mot de l'acquisition de ce précieux tableau par son père. Elle ignore même que notre jeune artiste et sa mère sont les hôtes que son père attend à dîner ; car M. Courval s'était borné à dire à sa fille qu'il attendait deux personnes étrangères à dîner, sans les nommer.

« La veuve Boutin soigna sa mise de manière à convaincre M. Courval qu'elle prenait cette solennité au sérieux. Elle comprenait, la bonne femme, que ce repas constituait l'inauguration de la célébrité de son fils. Mais elle avait eu le bon sens de ne donner à sa toilette que le luxe qui convenait à une femme de son âge et de son éducation. Du reste, elle n'avait rien fait sur ce terrain mouvant sans consulter son fils, afin de mériter son approbation.

« L'heure du dîner approche. Un fiacre transporte notre artiste et sa bonne vieille mère à la demeure de M. Courval, qui attend ses convives dans le salon, en compagnie de sa charmante fille. La sonnette résonne, des pas se font entendre, et un domestique ouvre la porte en prononçant les noms des deux conviés.

« Cette apparition inattendue de mademoiselle Courval fit sur elle une impression plus facile à comprendre qu'à décrire. Son père parut ne pas remarquer cet embarras tout en cherchant à le diminuer par l'accueil empressé qu'il faisait à ses invités. Il prit la veuve Boutin par la main, et la conduisit vers un moelleux fauteuil dans lequel la bonne femme s'encadra aussi naturellement et majestueusement qu'une duchesse de naissance. Le fils Boutin s'attendait à ce que sa mère révélerait, en cette occasion, ses modestes habitudes beaucoup plus qu'elle ne le faisait. La bonne femme ayant naturellement du tact, crut que c'était le cas ou jamais d'en faire usage pour se montrer la digne mère d'un fils si distingué sous tous les rapports.

« Notre artiste faisait, de son côté, tous ses efforts pour dissimuler la vive émotion qu'il éprouvait en présence de son angélique jeune fille, avec laquelle il conversait plutôt en balbutiant qu'en parlant. Heureusement un domestique fit cesser cette embarrassante conversation, en annonçant que le dîner était servi.

« Le maître de la maison offrit alors la main à la veuve Boutin. Notre artiste en fit autant envers sa bien-aimée, et les convives se rendirent ainsi à la salle à manger.

« Quand les mains de nos deux jeunes gens se joignirent pour la première fois, il se dégagea de leurs cœurs deux étincelles électriques qui, allant prendre la place l'une de l'autre, se firent le mutuel aveu d'un amour mystérieusement partagé. Cet aveu silencieux coupa l'appétit de nos deux amoureux, en dépit de la succulence des mets qui se révélait à l'œil et à l'odorat. Mais la veuve Boutin et M. Courval firent de leur mieux pour suppléer à l'appétit que Cupidon avait transformé en bonheur céleste.

« Le dîner fini, les convives reprirent le chemin du salon dans le même ordre qu'ils l'avaient quitté. Un domestique avait reçu la discrète mission de placer le fameux tableau dans cette pièce de réception pendant le dîner. C'était une agréable surprise que M. Courval réservait à sa fille pour lui révéler délicatement qu'il avait depuis longtemps deviné les sentiments que le jeune artiste lui avait inspirés.

« En entrant dans le salon, M. Courval conduisit la veuve Boutin en face de la peinture qu'elle avait tant admirée elle-même dans le modeste atelier de son fils, et lui dit :

— « Voilà, Madame, ce qui me procure le plaisir de vous avoir offert à dîner, et de compter un bon tableau de plus dans mon salon. Vous devez être bien heureuse et fière d'être la mère d'un jeune homme dont le talent est si remarquable. N'êtes-vous pas un peu jalouse aussi de me voir possesseur d'un si charmant tableau ?

— « Non, Monsieur, dit la bonne femme avec une vive émotion, puisque cette peinture nous a procuré, à mon fils et à moi, l'honneur de faire votre connaissance.

« Pendant que M. Courval exaltait l'amour maternel de la veuve Boutin, en faisant l'éloge de son fils avec autant de franchise que d'équité, la jeune personne, de son côté, admirait son portrait, sans oser le reconnaître pour une excellente et fidèle copie de ses traits angéliques. Pour elle, il ne pouvait plus y avoir de doute néanmoins sur l'artiste qui l'avait reproduite à son insu, ni sur le motif qui avait pu susciter cette œuvre charmante. C'est justement parce que mademoiselle Courval pénétrait ce doux mystère, qu'elle ne savait comment faire pour donner à son silence toute l'éloquence des paroles qui s'échappaient de son cœur pour venir mourir sur ses lèvres vermeilles.

« Cet embarras cessa quand le domestique servit la noire et brûlante liqueur qui couronne si dignement tous les meilleurs festins.

« Le café est le seul breuvage qui se soit familiarisé avec le peuple, sans perdre la haute considération que le grand monde lui accorda quand il fit son apparition aristocratique en Europe. L'homme qui dîne pour vingt sous, prend souvent une aussi bonne tasse de café que celui qui dîne pour vingt francs. Mais il n'en est pas de même pour ce qui touche le jus de la vigne; le pauvre s'empoisonne, s'il veut faire intervenir ce liquide fortifiant dans son modeste repas.

« En dégustant sa demi-tasse de fin moka, M. Courval regardait alternativement sa fille, le portrait et le peintre qui l'avait fait. On voyait que cette triple observation inspirait des sentiments complexes à cet homme estimable.

— « Ce tableau, dit-il sans le moindre préambule, ravive en moi des souvenirs que je vais prendre la liberté de vous communiquer, pour vous expliquer le motif qui m'a porté à m'en rendre l'acquéreur.

« Il y a quelques années, continua-t-il, je connaissais, dans une de nos grandes villes de province, un banquier qui passait à juste titre pour un homme riche et probe. Mais comme la solidité financière d'un banquier est subordonnée au degré de confiance que lui accordent les personnes qui lui confient des capitaux, une crise commerciale peut donc le ruiner au moment où il s'y attend le moins. C'est ce qui arriva au banquier dont il s'agit ici, par suite de trois grandes faillites qui le frappèrent coup sur coup, et lui enlevèrent en même temps la confiance des capitalistes de la localité. Malgré ce choc terrible, il restait bien encore à cet infortuné de quoi payer ses dettes, tout en faisant les plus grands sacrifices ; mais ses créanciers furent pour lui ce qu'ils sont presque toujours pour les honnêtes gens, c'est-à-dire impitoyables. On ne se borna pas à le dépouiller complétement, on cherchait encore à aggraver son malheur en voulant l'attribuer à la fraude. Pour calmer cette rage criminelle, le pauvre failli fut contraint de prendre la fuite comme s'il eût été coupable de l'infamie qu'on lui prêtait pour assouvir une lâche vengeance qu'on voulait tirer de sa prospérité déchue.

« Il s'alla donc cacher à Paris en attendant que la vérité triomphât de l'iniquité de ses persécuteurs. Pour mieux échapper aux recherches qu'on ne manquerait pas de faire pour le découvrir, il crut devoir s'abstenir de donner de ses nouvelles, même à sa femme, qui n'eut pas la force de supporter cette terrible épreuve :

un mois s'était à peine écoulé depuis le départ furtif de son mari, quand le chagrin conduisit la malheureuse dans la tombe.

« Sans ami, sans argent, sans travail, ce pauvre banquier se vit donc en proie à la plus affreuse misère dans la capitale où il était venu s'ensevelir vivant. Ayant changé son nom pour dépister les recherches dont il pouvait être l'objet, il redoutait de se voir tomber dans un dénûment assez horrible pour en être réduit à coucher à la belle étoile, et exposé à se faire arrêter comme vagabond. Car, alors, la police correctionnelle n'aurait pas manqué de le livrer à ses créanciers implacables.

« Le désespoir finit par vaincre le courage que cet infortuné avait montré dans cette cruelle circonstance. Pour mettre fin à cette lutte incessante, il eut la pensée de recourir au suicide. Un soir, il se rendit sur les bords du canal Saint-Martin pour mettre cette funeste pensée à exécution. Arrivé en face du liquide linceul, il le sonda un moment d'un regard fiévreux; mais avant de se précipiter dans l'abîme, l'idée lui vient heureusement d'implorer le pardon du ciel pour cet acte de démence et de désespoir. Cette minute de recueillement religieux, en reportant ses souvenirs vers la femme qu'il croyait encore de ce monde et partageant ses souffrances avec l'espoir de les voir cesser, ranima assez son courage pour le faire renoncer à son funeste dessein ; car il ignorait alors que sa digne compagne avait succombé sous le poids de sa douleur. Qui sait si ce n'est pas elle qui lui a inspiré les sentiments religieux qui l'ont éloigné du chemin du suicide par lequel cet infortuné voulait sortir de ce monde de douleur !

« En parcourant les rues du faubourg Saint-Antoine,

pour y trouver un gîte pour la nuit, il lui vint à l'idée de se faire chiffonnier en voyant un de ces humbles industriels exploiter un tas d'immondices avec sa lanterne d'une main et son crochet de l'autre. C'est un triste métier, se dit-il ; mais pour le moment l'essentiel est que j'en fasse un qui réponde aux plus impérieux besoins de la vie en me dissimulant aux regards implacables de mes créanciers, jusqu'au jour où je pourrai les confondre par mon honorabilité bien constatée par mes pertes commerciales.

« C'était un bien noble effort que faisait cet infortuné en s'armant du crochet de chiffonnier pour lutter contre l'adversité.

« Il s'approcha donc de l'industriel qui chargeait son mannequin à la lueur de sa lanterne, et lui dit :

— « Mon ami, seriez-vous assez obligeant pour m'informer des formalités administratives qu'il faut remplir pour pouvoir exercer votre état ?

« A cette question, le chiffonnier leva les yeux sur celui qui la lui adressait, et murmura ces paroles :

— « Encore un que le malheur précipite du haut en bas de l'échelle sociale.

« Ce monologue apprit au banquier déchu qu'il s'adressait à une victime comme lui de l'adversité.

« En effet, ce chiffonnier n'était rien moins qu'un homme du monde que la passion du jeu et l'excès des plaisirs avaient réduit à cette abjecte condition. C'est du moins ce que ce malheureux affirma à l'ex-banquier en lui indiquant la route à suivre pour exercer légalement le métier de chiffonnier dans la grande capitale du monde civilisé. On prétend que le corps nombreux des chiffonniers de Paris reçoit des membres de toutes les classes de la société, à partir de l'ouvrier jusqu'au courtisan le plus souple et le plus orgueilleux, inclusivement.

« Voilà donc notre malheureux banquier dans l'exercice de ses nouvelles fonctions, et il s'en acquittait d'une si courageuse manière que ses plus cruels créanciers n'auraient pu se résoudre à le persécuter s'ils l'eussent vu chercher ainsi son existence parmi les tas d'ordures de la magique cité. Il est probable qu'ils ne l'eussent pas reconnu en le voyant sous le harnais de la plus humble des occupations.

« Il y avait plus d'un mois déjà que cet infortuné se procurait, à l'aide de ce repoussant métier, les choses que réclamait impérieusemunt son existence, lorsque la Providence jeta un regard de compassion sur lui et fit cesser ce temps d'épreuve cruelle.

« Un jour, qu'il était en train d'interroger un tas d'immondices dans un des grands quartiers de Paris, on l'appelle pour lui faire faire une répugnante corvée. On le chargea de nettoyer une mansarde que le locataire venait de quitter pour une autre demeure située dans un monde que personne ne connaît et que nous redoutons presque tous. Pour récompenser le travail de ce chiffonnier, on lui fit présent d'un misérable matelas qui, en compagnie d'une paillasse non moins misérable, garnissait la couche de la défunte locataire de cette mansarde.

« Le chiffonnier accepta cette rémunération et s'éloigna avec la conviction de ne rien redevoir à la personne qui lui avait confié cette pénible corvée : l'industriel au petit crochet se trompait.

« Le narrateur fut interrompu à ce passage de son récit par la veuve Boutin, qui trouvait que cette histoire avait un singulier rapport avec la mansarde où la pauvre vieille Gertrude était partie de ce monde.

« M. Courval pria son auditoire de bien vouloir écouter son récit jusqu'à la fin, puis il continua en ces termes :

— « Je disais que le chiffonnier était mieux rétribué qu'il ne le croyait pour sa pénible corvée ; en effet, car ce misérable matelas était émaillé intérieurement de pièces d'or : ces pièces de précieux métal étaient placées en rang entre deux morceaux d'étoffe, et une piqûre séparait chaque rang pour éviter sans doute que cet or ne rendît des sons indiscrets en se heurtant.

« Mais, avant de disposer de cette petite fortune, l'honnête chiffonnier prit sur la personne qui avait possédé ce matelas les plus minutieux renseignements, afin de connaître les héritiers de la défunte. Toutes les démarches de notre industriel au petit crochet ayant été vaines pour découvrir la moindre trace de la famille à laquelle appartenait la défunte propriétaire de ce matelas doublé d'or, l'infortuné crut voir dans l'arrivée inattendue de cette aisance l'intervention directe de la Providence, qui daigne quelquefois adoucir mystérieusement l'injustice humaine. Le malheureux crut donc pouvoir, sans révolter sa conscience, se mettre à la place de l'État en se constituant le légataire universel de ce petit trésor.

« En voyant la prospérité lui sourire de nouveau, la confiance en l'avenir lui revint presque aussitôt, et il adressa une lettre à sa femme pour l'informer de la faveur dont il venait d'être l'objet de la part de celui qui protége l'innocence persécutée. Il priait sa digne compagne de lui répondre sans délai et de lui apprendre où en était la colère de ses créanciers. La réponse qu'il sollicitait avec tant d'empressement lui arriva sans retard, mais elle lui transmit la douloureuse nouvelle que sa femme avait succombé sous le poids du chagrin; puis l'on ajoutait, pour rendre cette perte moins cruelle, que les créanciers du malheureux banquier étaient revenus à de meilleurs sentiments à son égard, en voyant rentrer des sommes considérables versées par des débiteurs étrangers dont on avait d'abord douté de la solvabilité. On lui assurait que, nonseulement tous ses créanciers seraient soldés intégralement, mais qu'il lui resterait encore assez de fortune pour ne pas redouter les étreintes de la misère jusqu'à la fin de ses jours, en vivant des revenus qu'il pouvait tirer encore des débris de l'opulence qu'un travail honorable lui avait acquise, et qu'une crise financière avait fait chanceler et disparaître en partie. Ce retour de la fortune ne pouvait combler le vide que la mort avait fait dans le cœur de cet homme sensible en lui enlevant la femme qui complétait son existence; de sorte que la joie que lui pouvait causer la lettre qui lui apprenait le paiement intégral de ses féroces créanciers, se noyait dans la douleur que lui apportait la fin prématurée de l'épouse affectionnée pour laquelle il avait supporté une si injuste et terrible adversité. Il ne lui restait plus qu'à mériter l'amour céleste de celle qu'il pleurait, en reportant son affection et ses soins sur le fruit que lui avait donné cette heureuse et douce union conjugale.

« Les plaisirs et les sottes vanités du grand monde furent bannis à jamais de la paisible demeure de notre banquier, quand la prospérité lui rendit la fortune que ses créanciers n'avaient pu absorber, en dépit du zèle qu'ils avaient déployé pour atteindre cet inique résultat. Il n'oublia jamais les misères de la classe laborieuse, misères qu'il avait d'autant mieux appréciées qu'il les avait presque toutes éprouvées lui-même. Il n'oublia donc jamais qu'il avait été chiffonnier, ni la portière qui l'avait remis, sans le savoir, sur le chemin de la fortune en lui faisant nettoyer la mansarde dont je viens de parler.

« A ces paroles, la veuve Boutin s'écria :

— « Mais c'est moi, Monsieur, qui suis cette portière.

— « Je touche à la fin de cette histoire, Madame ; je vous demande seulement quelques minutes de plus d'attention pour ne pas chasser le reste de mon récit de ma mémoire de narrateur.

« Puis il continua :

— « Le chiffonnier, devenu riche, chercha la demeure de cette portière, car la pauvre femme avait perdu sa place à cause de la générosité qu'elle avait eue pour l'industriel au petit crochet. Oui, mes amis, le propriétaire de la maison que gardait cette brave femme la chassa de son poste en l'accusant d'avoir détourné à son profit des meubles de la défunte locataire de la mansarde en question.

« Notre ex-chiffonnier ayant appris ces détails de la personne qui avait succédé à la concierge renvoyée comme infidèle, il se fit dès lors un devoir sacré de réparer cet acte d'injustice autant qu'il en aurait la possibilité ; c'est-à-dire que, pour ajouter au prix de cette bonne action, il l'accomplit avec le plus grand mystère. Je doute même que cet homme reconnaissant soit connu en ce moment de ceux qu'il a pris sous sa mystérieuse égide depuis une longue suite d'années. »

— « Ce que vous racontez-là de cette portière m'est arrivé à moi-même, mot pour mot, interrompit de nouveau la veuve Boutin.

— « C'est assez étrange ; répondit M. Courval.

— « Connaissez-vous, Monsieur, le noble et généreux bienfaiteur de cette pauvre portière ? demanda le fils Boutin d'une voix profondément émue.

— « C'est un de mes amis intimes, répondit M. Courval.

— « Voudriez-vous être assez bon pour nous le faire connaître ? reprit le jeune artiste.

— « Très-volontiers. Le moyen le plus simple de vous faire faire sa connaissance, c'est de l'inviter à dîner dans huit jours, et de me promettre de prendre place à ma table ce même jour, vous et votre mère, fit M. Courval avec la délicate courtoisie qu'il mettait dans tous ses rapports sociaux.

« Cette invitation, ainsi qu'on le pense bien, fut acceptée avec joie par notre artiste et sa bonne mère. La brave femme y souscrivit avec d'autant plus d'empressement qu'elle ne cessait chaque jour de demander à Dieu de ne pas lui envoyer la mort sans lui avoir fait connaître la personne qui la comblait de bienfaits depuis si longtemps.

« Comme il est rare de trouver tant de coïncidence dans deux histoires, la veuve Boutin comptait donc bien retrouver son mystérieux bienfaiteur dans l'ex-chiffonnier en question : aussi, s'était-elle préparée à lui témoigner toute la reconnaissance que méritait une si généreuse conduite. De son côté, le jeune artiste se promettait, non moins sincèrement, de ne pas rester au-dessous des sentiments qui animaient sa digne mère à l'égard de ce noble inconnu que le ciel semblait vouloir révéler par l'intermédiaire de M. Courval.

« Le dénoûment du récit de M. Courval était donc remis au jour où le fils Boutin et sa mère reviendraient savourer un autre succulent dîner chez le riche acquéreur du charmant portrait de la bien-aimée de notre artiste. Nos deux invités étaient trop désireux de savoir ce qu'il y avait de commun entre le chiffonnier de l'histoire de M. Courval et celui qui avait nettoyé la mansarde de la défunte locataire dont voulait parler la veuve Boutin, pour ne pas se rendre à ce repas avec exactitude. Mais cette grande exactitude ne servit qu'à exciter en vain le vif désir qu'ils avaient de provoquer la rencontre de leur mystérieux bienfaiteur. En effet, l'heure du dîner était à peine sonnée que l'hôte reçut une lettre par laquelle l'ex-chiffonnier disait ne pouvoir se rendre à cette invitation à cause d'une affaire imprévue et de la plus haute importance qui le retenait chez lui.

« En voyant le grand désappointement que cette nouvelle causait à ses invités, M. Courval demanda à la veuve Boutin si les traits de son chiffonnier étaient restés gravés dans sa mémoire. La brave femme n'ayant pu répondre affirmativement à cette question :

— « Je le pensais, ajouta M. Courval ; car autrement ma figure aurait pu vous donner une réminiscence de la sienne, puisqu'on prétend que je lui ressemble d'une manière frappante.

« Ces paroles n'étaient pas prononcées que le fils Boutin comprit qu'elles déchiraient le voile derrière lequel s'était caché jusque-là leur noble bienfaiteur.

— « Ah ! Monsieur, s'écria cet estimable jeune homme avec une vive émotion, pourquoi avoir tant tardé de nous offrir la douce occasion de vous prouver que nous faisons, ma mère et moi, tous nos efforts pour nous rendre dignes de votre inappréciable générosité ?

— « Comment ? Je ne vous comprends pas ! fit M. Courval avec une satisfaction intérieure que dissimulait mal les sentiments que les paroles du jeune artiste avaient fait vibrer.

— « Ma mère, reprit avec chaleur le fils Boutin, nous sommes ici chez l'homme à qui nous devons l'aisance et le bonheur dont nous jouissons. L'histoire dont nous attendons le dénoûment aujourd'hui est à la fois celle de Monsieur et la nôtre. Que faire pour lui prouver toute la reconnaissance que nous lui devons, chère mère?

— « Mais enfin, qui vous prouve que je suis la personne à laquelle s'adressent vos touchantes et nobles paroles? répondit M. Courval, pour prolonger autant que possible l'incertitude de son interlocuteur.

— « Votre propre émotion et l'accueil que vous nous avez fait, m'assurent que le fils de l'ex-portière est en présence de l'ex-chiffonnier qui fut aussi vertueux et courageux dans l'adversité que généreux dans l'opulence, répliqua le jeune artiste avec un accent de loyauté et de grandeur d'âme qui fit venir les larmes aux yeux de tout le monde.

— « Eh bien, oui, mes bons amis, cette histoire est la nôtre ! s'écria M. Courval en laissant couler deux grosses larmes sur sa noble figure. Je suis l'homme qui vous a tendu une main secourable sans la révéler à vos yeux; mais puisque vos cœurs l'ont reconnue, je ne chercherai pas plus longtemps à vous la dissimuler; car ce serait me montrer ingrat moi-même, si je repoussais la chaleureuse reconnaissance que vous m'exprimez.

« Cet aveu provoqua une expansion de sentiments qui échappe à l'analyse de la parole. Je ne puis vous en donner une idée qu'en vous disant que, deux mois plus tard, ces deux estimables familles n'en faisaient plus qu'une, et mademoiselle Courval était heureuse et fière de se nommer madame Boutin. »

L'auditoire accueillit cette histoire de manière à m'autoriser à la croire intéressante ; mais j'en appelle aux lecteurs pour décider si je méritais cet éloge de mes compagnons de voyage.

Le bon Gilbert chanta ensuite quelques-unes de ses meilleures chansons, pour terminer joyeusement la dernière séance du Cercle récréatif.

CHAPITRE XXIV.

Fin de la traversée.

Pendant que je racontais cette histoire, notre navire sillonnait les eaux capricieuses du golfe du Mexique. Une forte brise nous poussait rapidement vers le port de notre destination, et chacun des passagers se faisait une fête de saluer les parages du Nouveau-Monde.

C'est une joie pour tout le monde à bord d'un navire que de voir l'équipage occupé à faire les préparatifs de débarquement. Dans les voyages de cette distance, les capitaines font généralement faire la toilette d'arrivée au bâtiment, pour effacer les traces des fatigues et des blessures plus ou moins graves que les vagues ont infligées à cet intrépide coursier aquatique.

En troublant la limpidité des eaux du golfe à une longue distance, celles du Mississipi nous apprirent que nous approchions de l'embouchure du grand fleuve. Puis, un matin, au moment où l'aurore commençait à peine à lancer ses premières lueurs, un phare se révéla faiblement à travers la brume qui régnait dans l'espace. Cette lumière indiquait la présence des plages de la Louisiane, les plus monotones peut-être et les plus marécageuses qu'on puisse rencontrer.

Quand le soleil eut dissipé la brume et reculé les bornes de l'horizon, les regards ne rencontraient, hors de la mer, qu'une vaste plaine couverte de roseaux, à laquelle succédait une forêt de sapins dont l'âge est resté le secret des siècles écoulés. Mais chacun oubliait un peu la tristesse que fait naître l'aspect de ces parages, en songeant que derrière cet horizon de sapins et de roseaux se trouvait un vaste et fertile pays, cultivé par les mains du progrès agricole. D'ailleurs, l'on est toujours très-indulgent pour la beauté des sites après une traversée de cinquante-six jours.

Le brouillard ayant empêché les pilotes qui se trouvaient au large de nous apercevoir, ils ne purent donc venir nous offrir leurs services pour nous entrer dans le fleuve. Mais nous ne fûmes pas longtemps privés de ce guide indispensable quand notre navire fut visible à une distance qui permettait de voir le signal qui appelait le pilote à bord. La présence de ce cicerone nautique est toujours accueillie avec autant de joie que d'empressement. C'est le MESSIE des passagers qui viennent de faire un voyage de long cours, et la sécurité responsable des capitaines. Tout le monde veut voir le pilote, lui parler, l'interroger, pour savoir ce qui s'est passé sur terre pendant le long séjour qu'on vient de faire entre le ciel et l'eau.

Accoutumé à être l'objet de ces multiples attentions, le pilote méconnaît rarement la haute position que lui donne son double titre de marin et de messager. Il se pourvoit des derniers numéros des principaux journaux du pays avant de prendre la mer, afin de donner ces feuilles à lire au capitaine et aux passagers de la chambre. Le pilote américain oublierait plutôt de se munir de vivres, en se mettant en mer, que de ne pas emporter une série des derniers numéros des meilleurs journaux de sa localité. Sa mission orale consiste à rapporter les faits saillants de plus vieille date, et de commenter avec une grande indépendance de langage, au point de vue de son opinion personnelle, tous les événements politiques et autres sur lesquels les passagers et le capitaine le questionnent. Le président des États-Unis serait à bord, que le pilote ne modifierait en rien son langage et son attitude. L'Américain, tout en sachant reconnaître la haute position qu'occupe le président de l'Union, se souvient toujours aussi qu'il est membre lui-même de la grande famille fédérale, de laquelle émane librement et périodiquement ce premier magistrat de la grande république.

L'indépendance dont fait preuve le pilote américain ne l'empêche pas, néanmoins, de s'acquitter scrupuleusement des devoirs impérieux que lui impose sa position professionnelle. Plus sage que les despotes couronnés, il n'oublie jamais qu'il ne peut compromettre la position de ceux qui lui obéissent sans mettre la sienne en péril.

Il y avait quelques heures que nous avions le pilote quand nous vîmes, dans le lointain, un petit nuage de fumée qui semblait se diriger vers notre navire. En effet, c'était le remorqueur qui venait nous prendre. La machine à haute pression aurait étouffé la voix d'un canon formidable chaque fois que le piston cédait à l'impulsion invincible de la vapeur.

Le commandant de ce romorqueur demanda à notre

capitaine s'il voulait accepter les services de ce puissant auxiliaire, pour remonter le fleuve jusqu'à la Nouvelle-Orléans. La réponse ayant été affirmative, le bateau remorqueur doubla notre bâtiment avec rapidité, nous jeta en même temps les câbles de remorquage, et, deux heures plus tard, nous étions à l'ancre dans l'embouchure du Mississipi, pendant que notre remorqueur était allé à la recherche d'autres navires. La puissance motrice de ces bateaux est telle, qu'ils peuvent remonter le grand fleuve en remorquant trois ou quatre navires avec une étonnante rapidité relative.

Pendant que ce formidable remorqueur cherchait le complément de navires qu'il pouvait emmener, nous eussions tous été faire l'école buissonnière sur le rivage du fleuve, s'il avait eu de la terre pour rivage au lieu de marécage. A une petite distance, nous apercevions bien un groupe de maisons auquel on donne le nom pompeux de PILOTVILLE ; mais, pour nous promener dans les rues de cette bourgade, il nous aurait fallu les gondoles de Venise. Mais ajoutons que si Pilotville ne peut pas avoir la prétention d'égaler la renommmée pittoresque et poétique de la reine de l'Adriatique, elle peut, du moins, l'éclipser sous le rapport du rôle qu'elle joue dans le mouvement maritime d'un port de commerce, qui n'en compte que trois ou quatre au-dessus de lui dans le monde entier.

Vers la fin du jour, notre remorqueur se mit en route pour la Nouvelle-Orléans, entraînant à sa suite trois navires, dont le nôtre n'était pas le plus considérable. Tout l'équipage de ce remorqueur se composait de nègres esclaves ; circonstance qui fit sur nous tous une pénible impression. En considérant la laine courte qui tenait lieu de chevelure à ces noirs Africains, M. Pommardin semblait dire : — Si la maison qui m'appelle à la Nouvelle-Orléans compte utiliser mes talents d'artiste capilaire en faveur de pareils singes, je l'aurai bientôt plantée là pour retourner dans ma belle capitale de France.

Tous les passagers aspiraient si ardemment après le moment de mettre pied à terre, que peu d'entre eux songèrent, cette dernière nuit de la traversée, à s'aller livrer au repos du sommeil. Ceux de l'entre-pont ne firent que chanter et consommer la meilleure partie des vivres qui leur restaient.

L'aimable Gilbert chanta les plus beaux morceaux de son répertoire, et jamais sa voix n'avait été d'une sonorité plus suave.

De son côté, le papa Colin recevait les sincères félicitations de ses administrés, qui tenaient à remercier l'humble magistrat de la manière équitable et empressée dont il s'était acquitté de ses pénibles fonctions de commissaire.

Ce modeste fonctionnaire répondit à ces compliments mérités par une petite allocution que je me fais un devoir de rapporter ici, pour mieux justifier encore les éloges que j'ai faits de ce brave homme, chaque fois qu'il s'est rencontré sur le chemin de ma plume :

— « Mes bons amis, dit-il à tous ses compagnons de voyage d'une voix paternellement émue, demain, si Dieu le permet, nous verrons la ville florissante de la Nouvelle-Orléans, en voyant la fin de notre longue et pénible traversée. Malgré les dures privations que, pour ma part, j'ai ressenties à bord de ce navire, son nom ne m'en rappellera pas moins de doux et ineffaçables souvenirs toute ma vie.

« Nous sommes tous venus sur cette terre étrangère et hospitalière pour y chercher la prospérité que nous n'avons pu trouver dans notre propre patrie; mais nous ne devons pas nous attendre à toucher le but de notre légitime ambition sans rencontrer de nombreux obstacles. Nous devons nous borner à vouloir une modeste aisance, que nous pouvons obtenir par un travail honnête et persistant. Si la fortune veut venir à nous plus tard, accueillons-la, sans nous laisser éblouir par ses faveurs trompeuses, au point de nous exposer à perdre l'honnête aisance dont nous pourrions jouir avant l'arrivée de cette capricieuse déesse. Pour trouver le bonheur qui nous a fait défaut dans notre mère patrie, il nous suffit d'être probes, actifs, laborieux; en un mot, d'être bons citoyens dans notre pays adoptif, où le travail est judicieusement ruménéré, et l'ouvrier traité comme un homme intelligent et libre, non comme une machine qui s'épuise presque gratuitement en enrichissant celui qui la fait fonctionner, ainsi que cela se voit trop généralement en Europe.

« Voilà, mes chers compagnons de voyage, la conduite que nous devons tenir dans le Nouveau-Monde, si nous voulons y trouver la réalisation d'espérances sages et capables de satisfaire l'ambition d'un homme de bien, qui doit toujours placer le bonheur dans l'aisance, le travail et la liberté, laissant l'opulence à ceux qui aiment à s'en faire les esclaves, sinon les victimes. »

Ces belles et nobles paroles, soit dit en passant, avaient été dictées par l'exilé polonais. Elles n'en furent que mieux accueillies par ceux qui les entendirent s'échapper sincèrement de la bouche du bon papa Colin.

Le matin, au petit jour, chaque passager de l'entrepont songe à faire sa toilette de débarquement. Tous se couvrent de leurs plus beaux habits; et, quelques heures plus tard, une forêt de mâts se dessine sur la rive gauche du grand fleuve. C'est le port de notre destination. Notre navire touche à peine la levée de la métropole louisianaise, que tous les passagers abandonnent leur flottante demeure avec un empressement qui simule l'essaim d'abeilles fuyant la ruche maternelle.

Ainsi se termina la traversée. Les autres volumes diront comment s'est effectué le reste de mon voyage à travers toutes les contrées des États-Unis et celles du Canada.

FIN DU TOME PREMIER.

LAGNY. — Imprimerie de VIALAT.

TABLE DES CHAPITRES

contenus dans le

TOME PREMIER.

DU MÊME AUTEUR :

LES MORMONS

PRÉFACE DE PIERRE VINÇARD

AVEC UN PORTRAIT DE JOSEPH SMITH ET UNE VUE DE NAUVOO

1 volume. — Prix : 1 fr. 50 c.

LIVRET-GUIDE DE L'ÉMIGRANT

DU

NÉGOCIANT ET DU TOURISTE

dans les

ÉTATS-UNIS D'AMÉRIQUE ET DU CANADA

1 volume. — Prix : 2 fr.

Ces ouvrages se trouvent chez les mêmes éditeurs, à Paris

LAGNY. — Imprimerie de VIALAT.

www.ingramcontent.com/pod-product-compliance
Ingram Content Group UK Ltd.
Pitfield, Milton Keynes, MK11 3LW, UK
UKHW021936200726
13855UKWH00007B/228

9 782013 282123